全国高等学校建筑学学科专业指导委员会
建筑美术教学工作委员会推荐教材

中国建筑学会建筑师分会
建筑美术专业委员会推荐教材

全国高校建筑学与环境艺术设计专业
美术系列教材

建筑画表现技法

陈飞虎 主编
李川
凌霞 副主编
赵玲

Architectural Painting Performance Skills

中国建筑工业出版社

图书在版编目（CIP）数据

建筑画表现技法／陈飞虎主编. —北京：中国建筑工业出版社，2015. 10（2022. 7 重印）
全国高等学校建筑学学科专业指导委员会建筑美术教学工作委员会推荐教材
中国建筑学会建筑师分会建筑美术专业委员会推荐教材
全国高校建筑学与环境艺术设计专业美术系列教材

ISBN 978-7-112-18498-9

Ⅰ. ①建… Ⅱ. ①陈… Ⅲ. ①建筑画—绘画技法—高等学校—教材 Ⅳ. ①TU204

中国版本图书馆CIP数据核字（2015）第227911号

建筑画是建筑师与设计同行、项目主管、委托方等进行交流的“载体”，它注重设计思维的演绎及对建筑与环境等三维空间的感知，它既是一种理性、准确、客观的图面语言，又是具有欣赏性和创造性的表现建筑之美的艺术作品。

本书是全国高校建筑学与环境艺术设计专业美术系列教材中的一本，内容主要包括建筑画概述、建筑画的特点、建筑画的色彩、建筑画表现技法、建筑画与建筑设计五部分。

本书可供建筑学、环境艺术设计、艺术设计、风景园林、工业设计、城市规划等专业的高校师生选用，也可供设计类专业人员和广告美术爱好者学习参考。

责任编辑：陈　桦　杨　琪
责任校对：李美娜　刘梦然

全国高等学校建筑学学科专业指导委员会建筑美术教学工作委员会推荐教材
中国建筑学会建筑师分会建筑美术专业委员会推荐教材
全国高校建筑学与环境艺术设计专业美术系列教材

建筑画表现技法
陈飞虎　主　编
李　川　凌　霞　赵　玲　副主编

*

中国建筑工业出版社出版、发行（北京西郊百万庄）
各地新华书店、建筑书店经销
北京美光设计制版有限公司制版
北京中科印刷有限公司印刷

*

开本：880×1230毫米 1/16　印张：7¼　字数：180千字
2015年10月第一版　2022年7月第三次印刷
定价：49.00元
ISBN 978-7-112-18498-9
(27730)

作者简介

陈飞虎

湖南大学建筑学院教授、博士生导师，中国工艺美术家协会副主席，湖南省美术家协会副主席，中国美术家协会会员，全国建筑师协会会员。出版书籍有《陈飞虎建筑风景水彩画写生技法》、《建筑色彩学》、《建筑艺术设计概论》、《陈飞虎水彩画作品》、《中国当代艺术家画库——陈飞虎卷》等。主持建筑设计、环境设计项目100余项，主张设计是艺术，设计是生活，设计是责任的设计观。

李川

湖南大学设计艺术学院博士研究生，主要研究方向为建筑与环境设计，湖南省美术家协会会员，湖南省水彩画研究会会员。2010至2011年由湖南大学公派赴法国南锡建筑学院交流学习一年。国家“十二五”规划教材《建筑色彩学》编委，在国内核心期刊发表多篇学术论文，主持或参与多项建筑与环境设计项目。

凌霞

湖南大学设计艺术学院博士研究生，西南民族大学城市规划与建筑学院副教授，硕士生导师。主要研究方向为环境艺术设计与少数民族建筑文化。四川省美术家协会会员。主持国家社科基金艺术类项目一项。在国内核心期刊发表学术论文多篇，编写学术教材四部。

赵玲

湖南大学艺术设计学院博士研究生，讲师，湖南省美术家协会会员。主要研究方向：建筑与环境设计。主持省级教育厅课题一项，发表学术论文多篇，国家“十二五”规划教材《建筑色彩学》编委。

本系列教材编委会

本教材编委会

主　编： 陈飞虎

副主编： 李　川　　凌　霞　　赵　玲

编　委：（按姓氏笔画排序）

卜实惠　　马　珂　　王　芳
王立群　　王凌雁　　龙彦静
冯晶晶　　刘　英　　刘　慧
杨　文　　李江宁　　严　瑾
吴筱兰　　何　婧　　谷　雨
邹　敏　　宋　欣　　张向荣
张雅妮　　张冰钰　　张志军
张俊婷　　陈　思　　陈　超
易　婷　　罗金阁　　郑春银
柳　静　　钟亚子　　姜　敏
祝　博　　夏金凤　　徐　琳
唐大有　　黄　茜　　黄洋安
彭　咏　　彭　鹏　　曾　晋
窦蓉蓉　　谭梦茜　　熊　莹
熊晨蕾　　廖建民

序 | Preface

为推动建筑学与环境艺术专业美术教学的发展，全国高等学校建筑学学科专业指导委员会建筑美术教学工作委员会、中国建筑学会建筑师分会建筑美术专业委员会与中国建筑工业出版社经过近两年的组织策划，于2012年4月启动了《全国高校建筑学与环境艺术设计专业美术系列教材》的建设，力求出版一套具有指导意义的，符合建筑学与环境设计专业要求的美术造型基础教材。本系列教材共有9个分册：《素描基础》、《速写基础》、《色彩基础》、《水彩画基础》、《水粉画基础》、《建筑摄影》、《钢笔画表现技法》、《建筑画表现技法》、《马克笔表现技法》，将在近期陆续出版。

美术造型基础对于一个未来的建筑师、艺术家、设计师而言，能够有效地帮助他们积累认识生活和表现形象的能力，帮助他们运用所掌握的知识创造性地来表达设计构想、绘画作品和艺术观念，这正是我们美术基础教学的意义与目的所在。

天津大学建筑学院彭一刚院士说过一段话："手绘基础十分重要，计算机作为设计工具已是一个建筑师不可或缺的手段，可计算机画的线是硬线，但设计构思往往从模糊开始，这样一个创作过程，手绘表现的必要就显现出来。"建筑学和环境艺术专业教育的对象是未来的建筑师、室内设计师和风景园林师。他们在创造自己的设计作品时，首先要通过草图来表达自己的设计构想，然后才能通过其他手段进一步准确地表现所设计的空间形态与设计语言，即便在电脑设计运用发达的今天，美术造型基础和综合表现能力仍然是一个优秀设计师必须具备的素质。

本系列教材的编写者，都是具有多年教学经验的教师。各位作者研究了近年来我国各高校建筑学与环境设计专业美术教学的现状，调研了目前各高校的教学与教改状况。在编写过程中，参加编写的教师能够根据教学规律与目的，结合实践与专业特点进行教材的编写。在图例选用上尽量贴近专业要求和课堂教学实际，除部分采用大师作品外，还选用了部分高校一线教师的作品以及优秀学生作品，使教材内容既有高度，又有广度，更贴近学生学习的需要。本教材按照专业基础的学习要求，最大限度地把需要学习掌握的知识点包含在内。我们相信该系列教材的出版，可以满足全国高等学校建筑学与环境艺术专业当前美术教学的需求，推动美术教学的发展；同时，本系列教材也会随着美术教学的改革和实践，与时俱进，不断更新与完善。

本书编写过程中得到了国内诸多高校同仁的鼎力相助，在此要感谢东南大学、清华大学、天津大学、同济大学、中央美术学院、湖南大学、合肥工业大学、南京工业大学、华中科技大学、北京建筑大学、西南民族大学、湖北师范学院、江西美术专修学院、长沙艺术职业学院、厦门大学、哈尔滨工业大学、西安建筑科技大学、华南理工大学、重庆大学、四川大学、上海大学、广州大学、长安大学、西南交通大学、郑州大学、西安美术学院、内蒙古工业大学、吉林艺术学院、苏州科技学院、山东艺术学院等三十多所院校的四十多名老师的积极参与，同时还要特别感谢提供优秀作品的老师和学生。

全国高等学校建筑学学科专业指导委员会建筑美术教学工作委员会
中国建筑学会建筑师分会建筑美术专业委员会
2013年4月

目 录 Contents

第1章　建筑画概述

1.1　概念

建筑画的概念从狭义层面理解，是指建筑师用以表达其设计理念的效果图，既可用手绘表现，也可通过电脑绘制。从广义层面理解，凡以建筑作为表现主题的绘画作品都可称之为建筑画，包括建筑设计效果图、建筑草图和其他表现建筑的绘画作品等。

建筑画是建筑师与设计同行、项目主管、委托方等进行交流的“载体”，它注重设计思维的演绎及对建筑与环境等三维空间的感知，它既是一种理性、准确、客观的图面语言，又是具有欣赏性和创造性的表现建筑之美的艺术作品。

1.2　起源与发展

纵观建筑画的发展历史，其形式、内容的变化与建筑风格的发展同步。因此讨论建筑画的历史需研究建筑的发展历史。

早期的建筑画仅用于记录建造方法、建筑构造以及建筑的比例与尺度等。最早的建筑设计和建造房屋并不一定需要工程图纸，更不需要建筑效果表现图。随着建筑技术不断进步，建筑画才逐渐发展起来。同时，由于不同的地区在建筑风格、形态、材质、功能等方面都有较大的区别，所以建筑画在表现手法上也呈现出丰富多样的风格与样式。

1.2.1 西方建筑画的起源与发展

考古发现：大约公元前两千多年，两河流域出现了最早的刻画在黏土泥板上的建筑平面图；公元前5世纪，古希腊、古罗马发明了“缩短法”和“布景法”等建筑图示方法；公元前4世纪古埃及人已经使用正投影法绘制建筑物的立面和平面图，新王国时期有相当准确的建筑图样遗留下来（图1-1）。值得一提的是大约在公元前439年至公元前430年之间由希腊人阿加塔耳科斯（Agatharchus of Samos）发明的

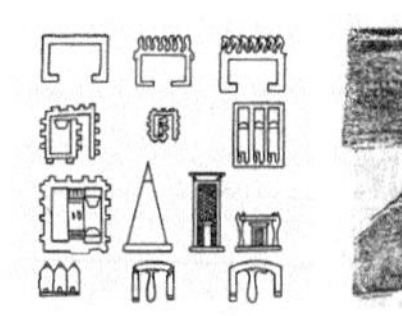

图1-1 古埃及与建筑有关的象形文字与两河流域出土的画板

图1-2 乔托的宗教建筑绘画

“布景法”已非常接近文艺复兴时期的透视学方法。

公元前27年，古罗马建筑师维特鲁威编著的《建筑十书》对建筑进行了全面地概括和总结，它尤其强调建筑师最应具备的才能之一——绘图表达能力，这对文艺复兴时期的建筑及建筑画造成了深远影响。

中世纪以前，建筑师和施工者的身份是合二为一的。施工者在施工前不要求有整套图纸作为施工依据，但当时的建筑画工具、材料已表现出多样性。建筑速写图册开始广泛出现是在13世纪中期。到13世纪末，建筑师和施工者的身份才开始分离，且分工越来越细。

公元12世纪到15世纪是欧洲宗教发展的鼎盛时期，在此之前，绘画中的建筑大多以平面形式出现，直到意大利著名的画家、雕刻家、建筑师乔托将透视法引入宗教建筑绘画中（图1-2）。公元15世纪30年代，建筑师阿尔伯蒂在《论绘画》中将透视学定义为视觉经验和经典几何学的结合。

文艺复兴时期，许多艺术家——包括著名的“美术三杰”——都为建筑画的发展做出了卓越贡献：达·芬奇首先将解剖学知识运用到建筑画中，但由于其画法更倾向于将解剖图和鸟瞰图相结合，而建筑实体与人体骨骼相去甚远，因此达·芬奇的建筑画并没有准确把握空间的比例尺度；拉斐尔首先提出平、立、剖的概念，并且提出多点透视；米开朗琪罗则反对文艺复兴时期所有的建筑语汇，对建筑语言进行创新，创造了带阴影的剖面图。另一位对透视图有卓越贡献的人物是布莱蒙特，他强调建筑画的空间尺度要准确，提出用鸟瞰图来表现建筑，并将剖面效果引入透视图。

17世纪兴起的巴洛克风格建筑主要强调建筑的视觉形象，因此当时的建筑画也倾向于强调建筑的空间层次和光影效果。如意大利的巴洛克建筑大师贝尼尼在其建筑画中就常着重表现在某一个固定视点所看到的丰富建筑空间和强烈的明暗对比。

18世纪，建筑中心转向法国，洛可可建筑风格出现。皮瑞耐西首次作为建筑画家领导建筑潮流，并使当时的建筑师意识到建筑画的根本作用——传达设计意图及设计理想。随后，勃利将皮瑞耐西的理论发挥到极致，提出“建筑作为艺术，应当具有和美术作品一样的感染力”，并创作出许多富有感染力的建筑画作品。但同一时期也出现了一些阻碍建筑画发展的社会因素，比如巴黎美术学院的“学院派”教育，它强调建筑本身的艺术价值，却把平面、立面、剖面作为教学主线，轻视透视学的作用，使建筑表现画学习被忽视。而当时盛行的建筑设计竞赛却要求参赛作品提供建筑表现图，由于缺乏透视学基础，许多建筑设计师不得不请画师帮忙，这导致建筑设计与建筑画完全分离，使两者的发展都被阻滞。直到19世纪末，受印象派和后印象派的影响，两者才再次结合起来并相互推进，发展出装饰风格的建筑与建筑画。

到20世纪，建筑画的社会地位变得极为复杂。1919年德国成立著名的包豪斯设计学院，该学院强调建筑模型、轻视建筑画。但在两次世界大战之间出现的表现主义思潮中，建筑画则备受推崇。20世纪中期，以描绘建筑形象为目的的建筑画受到来自摄影、模型、机械制图等媒介的冲击，且许多建筑设计师的建筑画水平已远逊于职业画师。想要寻求发展，唯有突破“形”的概念，于是文丘里、格雷夫斯等人为当时的建筑画开辟了一条新道路——让建筑画朝艺术性、观赏性及多元性方向发展，直到现在，这种观念还深刻地影响着当代建筑师们。

1.2.2 中国建筑画的起源与发展

中国建筑画起源较早。据考古发现，早在春秋战国的器具上就有作为人物生活背景的建筑形象，这些建筑形象并不完全成熟，多为建筑立面或剖面图（图1-3）。

中国最早的较完整的表现建筑形象的建筑画出现在汉代画像石和墓葬壁画上，这些在汉代画像石和墓葬壁画上发现的住宅鸟瞰是中国建筑画体系的先河。随后，晋代出现界画（图1-4）。界画，作为中国绘画特有的门类，因其作画时使用界尺作为辅助工具而得名。东晋画家、诗人顾恺之对此曾有描述“台榭一足器耳，难成易好，不待迁想妙得也”。

魏晋南北朝时期的壁画中出现了一些建筑组群，其形象也不再仅作为背景，而是人物活动必需的三维空间。此类壁画艺术在隋唐时期达到鼎盛，但当时的寺庙壁画大多已不复存在，多以石窟壁画的形式保留下来。直到五代十国，建筑画才作为独立画种出现。

宋朝，我国古代绘画进入全盛时期，尤其是中国画中独特的“散点透视法”已形成成熟完整的体系。“散点透视法”中“移动视点”的原理更适合表现长卷式的辽阔场景，快速推动了建筑画的发展。最典型的代表是张择端的《清明上河图》（图1-5），它丰富的画面内涵堪称中国建筑画的巅峰之作，而其现实主义的严谨风格也具有重要历史价值，为后人研究当时的建筑群提供了第一手资料，并对后世的建筑绘画产生巨大影响。

图1-3 画像石上的建筑纹样

元代仍以界画为主要形式表现建筑，其作品继承了宋朝的主要风格，但是在用笔方面更加细腻精巧。不过由于当时的文人画家们抱着不仕元的心态隐于山水之间，其绘画主要用以表达胸怀天下而不得志的感情。而界画要求工整细致很难实现这一意境，因此元末至明朝，界画开始走向衰败。

清代建筑画创作虽不如宋朝繁荣，但因为当时的建筑样式更加丰富、大气，所以也产生了大量优秀的建筑画作品。清朝的建筑画主要分为江南文人作品和宫廷如意馆作品，前者画风活泼，大有探索新风的勇气；后者是为统治阶级服务的政治作品，多描绘宫廷建筑的恢宏气势，作品大多严谨细致，但缺少江南文人作品的灵动。

中国近现代建筑画深受20世纪初传入中国的西方现代主义建筑设计影响，较之古代建筑画，更强调点、线、面、透视、阴影、明暗、色彩等因素的准确性以及体块关系、材质肌理的表达。

总之，留存于世的中国古代建筑画向后人展示了当时中国的社会现状、科技发展水平、审美情趣以及精神追求，具有很高的历史及艺术价值。而到近现代，在全球一体化的形势下，中国建筑画则表现出与国际接轨的态度，逐渐融入世界的潮流之中。值得注意的是，建筑画如同所有的艺术作品一样既应该是世界的，也应该是民族的，如

图1-4 中国古代界画

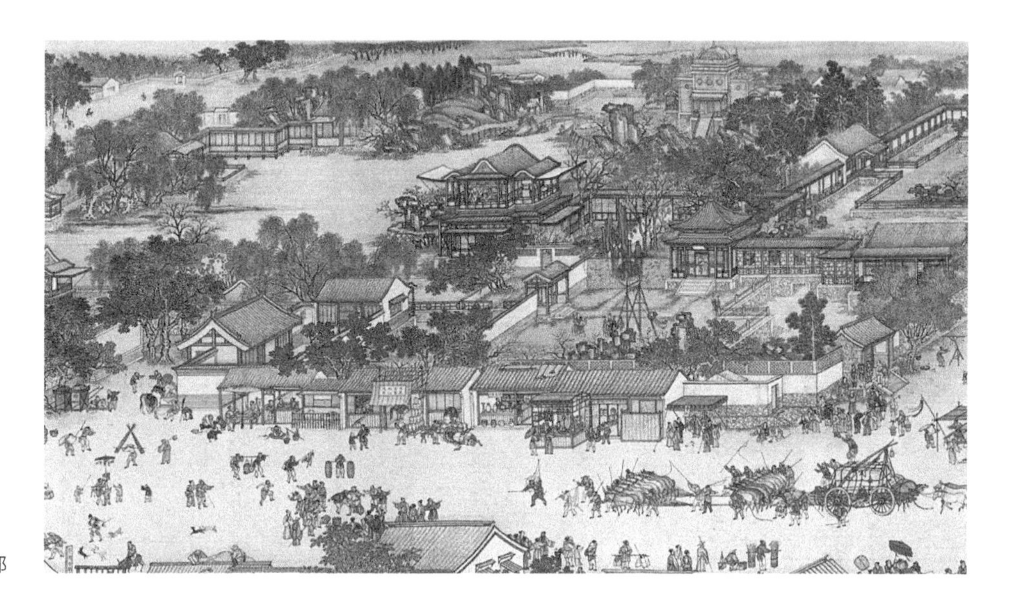

图1-5 清明上河图局部

何在全球趋同的大潮中保留民族独特的历史文化成为中国当代建筑画发展面临的主要问题。

思考题

1. 论述西方建筑画的发展过程，分析其产生的时代、政治、艺术背景。
2. 试论中国当代建筑画如何在发展的同时保留其历史文化性。

第2章　建筑画的特点

建筑师用不同形式的建筑画来表达其建筑设计理念或记录建筑及其环境，因此相对于反映历史、宗教、自然等内容的艺术画种或画家借图抒怀的创意作品，建筑画具有主题性、客观性和装饰性三个主要特点。

2.1　主题性

建筑画的主题性是指建筑画的创作内容应以建筑为主要题材，描绘对象应以建筑为重点，布局应以建筑为核心，整个画面也应以建筑为主要内容，画面应重点表现建筑的空间、结构、装饰、光影等主要形态特征，同时，画面的意境也应符合建筑本身的性格。

欧洲中世纪时期的一些绘画作品中也出现了某些建筑形象，但这些建筑形象所占画幅面积较小，充当的角色也较次要，此类绘画并不具备建筑画的主题性特征，因此不属于建筑画的范畴。

图2-1 河南登封县告成镇测景台草图　刘敦桢

2.1.1 表现形态的主题性

建筑画的主要任务是表现出建筑的材料质感、空间构成、光影层次、表面色泽及其与周边环境的关系等各种客观形态因素。但一幅优秀的建筑画，不仅要求画面构图精准、空间比例得当、语言简练概括，还需要在创作前有较完整的构思，以表达出建筑形态上最主要的特征，从而明确表现对象的主题。例如表现室内空间应主要描述细节的处理、装修材质、光线色彩等精细的设计内容；表现单体建筑则应强调建筑自身的空间、光影、色彩及其与周边环境的互动等（图2-1）；表现群体性建筑时，则应着重表现建筑之间的相互关系，如规划轴线、整体布局等（图2-2）。

图2-2 吴县双塔效果图　刘敦桢

图2-3 西塘民居　王立群

2.1.2 立意的主题性

建筑画的主题性除了指其应描绘对象的主要形态特征外，还指画面意境要有主旨。建筑本身的功能、性质往往决定了建筑画意境的主题，比如绘制皇宫的建筑画就应以庄严肃穆、华丽雄伟为主题，用笔应果断、坚定，画面应整体、稳重；绘制江南园林就应以轻巧玲珑、精美淡雅为主题，用笔应轻快、流畅，画面应细致、自然；表现民居建筑应以轻松明快为主题，注重表现民居的结构特征和历史文化性（图2-3）；而表现解构主义建筑时，其主题则必须变成倾斜、对抗和冲突，画面应富有强烈的表现性。

建筑画的立意不应与纯艺术绘画一样完全自由，它一般由建筑本身的特点决定。如绘制民居的建筑画就应以亲和、精巧为主旨；描绘纪念性建筑应以庄严、肃穆为主题等。立意是建筑画的起点，也是建筑画的最终目标，是建筑设计师文化艺术修养的集中体现，如张彦远所说："意在笔先，画尽意在。"好的立意并非来自技巧，而是来自设计者对设计对象的细微观察、深入思考，来自对建筑本质的感悟，是建筑画基于建筑形体的精神主题。因此，只有立意明确、主旨清晰的建筑画创作才能达到以形写神的较高境界。

优秀的建筑画应达到既"写实"又"写意"的境界，只有形与意的主题都明确的建筑画才能精确并完整地描绘出建筑的本质。

2.2　客观性

哲学理论中客观性的概念有多种：无论是洛克把"客观性"说成是外物存在的属性，还是康德把它说成是先天范畴的普遍性和必然性，或者是黑格尔把它说成是"绝对精神"的本质属性，他们都承认"客观性"是一种不以人的意志为转移的普遍必然性。

如前文所述，建筑画风格、内容的变化与建筑本身形式的演变和发展相一致，建筑画应如实反映建筑的风格、体量、空间、色彩等要素，它是建筑形象的再现，具有客观真实性，表现为以下两点。

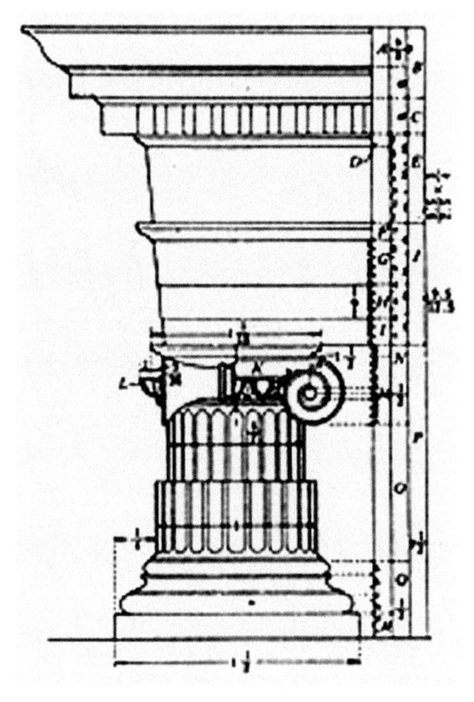

图2-4 古罗马爱奥尼柱式

2.2.1 建筑画表现内容的客观性

纯艺术绘画讲求画家对于客观对象的主观理解和艺术感悟，既可写实地表达真实对象，如文艺复兴时期的伟大画家列奥纳多·达·芬奇创作的旷世之作《蒙娜丽莎》；亦可写意地表达抽象意境，如俄罗斯著名画家和美术理论家瓦西里·康定斯基就用他的作品《带有弓箭手的风景》和《玛尔努的教堂》表达出“色彩和形式的和谐，从严格意义上说必须以触及人类灵魂的原则为唯一基础”的理念，这也是纯艺术作品带给作者以及欣赏者的艺术思考和联想，这两件作品都是创作者超越写生对象的客观形体甚至性质的创造性表现。

建筑画表现的核心——建筑本身是客观存在的事物，与人和社会有着密切的关系。任何建筑的存在都是为了满足人们使用的需求，因此在建筑画表现中应首先体现建筑的体量大小、空间结构、功能要求、建筑风格等客观特点，然后才关注更高层次的艺术处理。因此，建筑画创作不能如上述康定斯基的两件作品般自由进行，它应该从根本上尊重描述对象的客观规律。因为无论是表达设计师建筑构想的表现图还是基于实体的建筑写生，建筑画都应是通过二维图纸对三维建筑的再现，它必须反映建筑本身主要的客观形象和精神面貌，从而实现其作为交流“载体”的作用。所以建筑画必须严格遵从对象本身的形态、透视、比例关系等客观要素。例如古典时期的柱式对于尺寸比例的要求相当严苛，爱奥尼克式（图2-4）的柱身比例修长，上下比例变化不显著，柱高为底径的9～10倍，柱身刻有凹圆槽，槽背呈带状，有多层的柱基，檐部高度与柱高的比例为1：5，柱间距为柱径的2倍。根据以上比例尺度，表现爱奥尼克柱式的建筑画也需遵循其严格的比例尺度，否则容易造成视觉误差而影响观者的判断，建筑画也失去其应有的作用和意义。

此外，对建筑的材质肌理、明暗光影、色彩冷暖等因素的表达是否客观也直接影响建筑画的效果，从而影响观者对建筑本身的理解。因此作为与甲方、项目负责人、建筑同行等进行交流和洽谈的媒介，建筑画应该注重对其表现对象的客观表达。

2.2.2 建筑画表现形式的客观性

建筑画除了其表现内容具有客观性外，其表现形式也应遵循客观规律。建筑画是美术作品中的一个种类，应遵循绘画作品的客观规律：如采用“黄金分割法”可形成均衡的画面构图；使用近大远小的透视规律可以表现出符合观众视觉习惯的写实效果；线条的粗细、曲直、长短以及颜色的浓淡可以影响整个画面的风格等。所以在进行建筑画表现时就要尊重绘画的这些客观规律，选用适合描绘表现对象的创作方法。纯艺术的绘画形式强调画面的灵动感，着重表达创作者的感性思维。建筑画则要求准确、缜密的表现形态，使用严谨、流畅的线条和精确、协调的色彩来描绘建筑的本质特征。

建筑画表现注重表现形式的客观与理性，还指作画时应从建筑物的形体结构和虚实关系入手，在符合物象客观特征、透视规律的前提下，将复杂的建筑形式用简洁的线条抽象概括出来，在表现中用客观的点、线、面、色彩等元素描绘建筑的形体轮廓、内部结构、空间转折、明暗关系。表现过程中，应遵循绘画理论如透视学的客观规律，避免主观臆断。

2.3　装饰性

建筑画作为艺术作品中的一种，自然也具有装饰性这一绘画作品的普遍特征。苏联的美学家奥夫相尼科夫在其主编的《简明美学辞典》中对“装饰性”的解释是：艺术作品的一种特质，即这些艺术作品对其形式进行了修饰、对象进行了美化、细节进行了加工。建筑画反映的是建筑的形象，同时也是建筑本身性格和气质的体现，但它并不是对建筑空间的绝对复原，而是在表现空间主要关系的基础上进行的艺术创作。值得注意的是建筑画的装饰性并不与上述主题性、客观性相矛盾，它指的是基于其主题性和客观性的适当艺术处理。

2.3.1 修饰形式

修饰建筑画的形式是指在不违背其绘制对象主要客观特性的前提下，选择合适的创作手法对其画面内容进行适当的删除、增加或修改。建筑画的形式有很多种，从画种上分有水彩建筑画、水粉建筑画、钢笔建筑画、铅笔建筑画等等；从深入程度上分有建筑草图、建筑效果图等；从工具的使用上分有徒手建筑画、尺规绘制建筑画等。建筑画创作者需要根据建筑本身的特征或实际的需求选择合适的形式来表现对象。比如选择建筑草图的形式显然比深入的刻画建筑效果图更能抓住设计师一闪即逝的灵感，一些建筑大师往往用简洁有力的线条勾画出设计的最初构想，这些构想不一定每次都能实现，却是建筑师思想火花的珍贵记录（图2-5）。当然，建筑草图不可能完整地表现出建筑空间的每个细节和体块，它只选择性地勾画出最重要的空间和外形，省略了细部、材质或线脚等，这是一种艺术性的舍弃。相反，有些建筑画为了体现建筑空间尺度或氛围而适当地加入人物、配景以作衬托，这又是艺术性的增加。由此可见，建筑画的形式并不是一成不变的，它必须根据需要进行修饰和改动，使其表现建筑客观形态的同时也具有艺术的审美价值。

另一方面，不同的画种也有不同的艺术效果——透明的水彩可强调建筑的轻盈精致；利落的钢笔线条可表现建筑刚毅的轮廓；细腻的铅笔可描绘建筑空间丰富的光影等等。建筑师在进行建筑设计时往往有自己独到的见解，如果能合理利用这些建筑画种的装饰性特征以诠释其设计意图，就能使观者更好地理解其设计理念从而实现其设计理想。

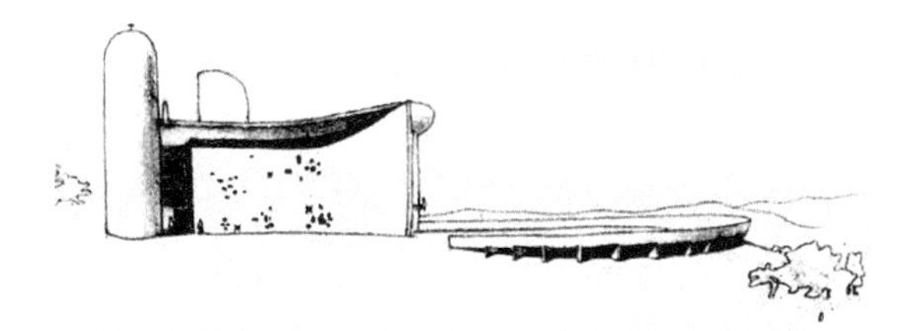

图2-5 朗香教堂草图 勒·柯布西耶

图2-6 夕阳下的圆明园 周承涛

2.3.2 美化对象

建筑画的对象——建筑是一个实际的存在。比如进行建筑写生创作时，建筑本身或周边环境可能已被破坏，即建筑画所表现的对象环境可能存在缺陷，对这些缺陷进行适当的美化对于表现建筑的主要特点不会产生本质的影响。因此在进行建筑画创作时，应当进行适当的美化，使其具有视觉上的美感。比如对统一杂乱的配景进行统一整合（图2-6）；恰当地突出建筑空间、材质、形态、色彩上的优点；弱化甚至舍弃一些不必要的环境等，这些都是建筑画美化其描述对象的手段。

以上这些美化手法并不是违反其客观性的造假，而是艺术性的修饰，更是设计师对建筑空间的一种期待。“所谓‘如实反映’并不要求探微求其毫发，精确度其尺矩。”建筑画不同于施工图就在于这种适度的美化，建筑师通过这种美化来设定其设计作品或是描述对象处在一种环境协调、风景雅致的空间之中，也通过这样的外在环境来衬托出建筑的空间之美和内涵之美。

图2-7 门头的故事 陈晓玉

2.3.3 加工细节

“细节决定成败”，智者善于以小见大，建筑画对细节的加工也极为重要。通过细腻地表现建筑色彩的冷暖、光影的虚实，或者对建筑体量、空间的着重刻画都可以很好地深化建筑画，使画面丰富立体、完整统一（图2-7）。有些细节也许在体量较大的建筑本体上并不十分突出，建筑师们通过建筑画使人注意到这些优美精巧的部分，从而对建筑有了更细致的认知和更深刻的理解。

值得注意的是，许多初学者对于“细节”一词的理

图2-8 园林意境　张雯

解还存在一个误区——认为复杂的堆砌就是细节的处理。这种观点需要摒弃。建筑画的“细节刻画”应该是每个小体块、小线条甚至小点都要做到有理有据，每道光影、每个转折都应该做到精确优雅，即使是一幅粗犷的建筑草图，它的每一笔也应该是思绪的痕迹而不是无意义的涂抹，即细节丰富不等于画面复杂，而应该是画必有神、形必有意。

总之，建筑画并非照片一般纯粹再现建筑本体及其环境，也不像纯艺术绘画一样可以天马行空的随意描述对象。作为一幅向甲方、甚至是完全没有绘画基础的大众展示建筑空间形态的建筑画，它需要有鲜明的主题性和客观性使大众能够充分理解其建筑空间，又需要具有一定的装饰性以提高画作的艺术品质，在画形的同时写意才能称为优秀的建筑画（图2-8）。

思考题

1. 简述形神兼备的建筑画具有哪些特点。
2. 根据建筑画的特点总结建筑画与纯艺术绘画的不同。

第3章　建筑画的色彩

3.1　色彩的基本知识

3.1.1 色彩与光

一切视觉活动都必须依赖于光的存在，没有光就没有色。英国物理学家牛顿在1666年进行了著名的光的色散与光的合成实验，发现太阳光透过三棱镜可以产生赤、橙、黄、绿、青、蓝、紫等色光。复色光进入棱镜后，由于各种频率的光具有不同的折射率，因此色光的传播方向会有不同程度的偏折，复色光透过棱镜时会按一定顺序排列，形成光谱（全称为光学频谱）（图3-1）。

可见光的波长范围为350~770nm，是电磁波谱中人眼可以感知的部分（图3-2）。波长大于770nm的红外线、远红外线和波长小于350nm的紫外线为不可见光线，是人眼感知不到的光线。

光是根据振幅和波长这两个要素决定的。振幅代表着光的能量，具有明度特征，不同振幅的光给人不同的明暗感受。波长具有色相特征，不同波长的电磁波，引起人眼的颜色感觉不同。770～622nm感觉为红色；622～597nm感觉为橙色；

图3-1 光的色散

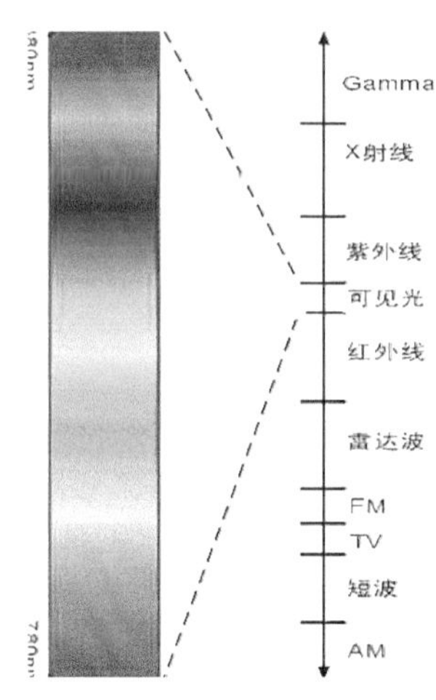

图3-2 可见光谱

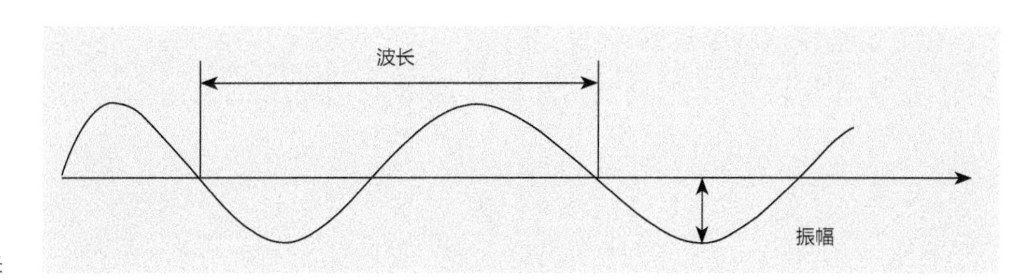

图3-3 振幅与波长

色 相	红	橙	黄	绿	蓝	紫
波长范围（nm）	770~622	622~597	597~577	577~492	492~455	455~350

图3-4 波长与色相表

597～577nm感觉为黄色；577～492nm感觉为绿色；492～455nm感觉为蓝靛色；455～350nm感觉为紫色（图3-3、图3-4）。

3.1.2 色彩的混合

色彩的混合可分为加色法和减色法两种，加色法的色彩混合称为色光混合，减色法的色彩混合称为颜料混合。

加色法混合效果是由人的视觉器官来完成的，是一种由视觉完成的色彩混合，混合后色彩的色相改变、明度提高、但纯度不会下降。在色光混合中，色光三原色为红、绿、蓝（蓝紫），加色混合可得到红光+绿光=黄光；红光+蓝紫光=品红光；蓝紫光+绿光=青光；红光+绿光+蓝紫光=白光。改变三原色不同的混合比例，可得到其他的颜色（图3-5）。

减色法的色彩混合是指颜料的混合，绘画是运用色料模拟眼睛看到色光的感受，并用颜料表现出生活中物象的色彩。减色法混合后的色彩，色相发生变化，纯度和明度也会降低，混合的颜色越多，色彩越暗浊，最后接近于黑灰色。色料三原色为红（品红）、黄（柠黄）、青（湖蓝），用减色混合法可得到红+黄=橙；青+黄=绿；青+红=紫；红+青+黄=黑，同样，改变三原色不同的混合比例，可得到其他更丰富的颜色（图3-6）。

图3-5 加色法的颜色混合

图3-6 减色法的颜色混合

3.1.3 色彩的三属性

色相(Hue)、纯度(Saturation)和亮度(Brightness)是色彩的三属性(又称三要素),主要用于描述颜色的三种基本特性。

3.1.3.1 色相

色相(又称波长)指色彩所呈现的相貌。通常以色彩的名称来体现,如:红、橙、蓝等。

非彩色(黑、白、灰色)不存在色相属性。所有色彩(红、橙、黄、绿、青、蓝、紫等)都是表示颜色外貌的属性,即色相(图3-7)。

色彩学家认为,世界上有多少种物体,就有多少种色相,现已发现了大约32000多种不同的色相,运用在印染技术中的色相大约有2000多种。

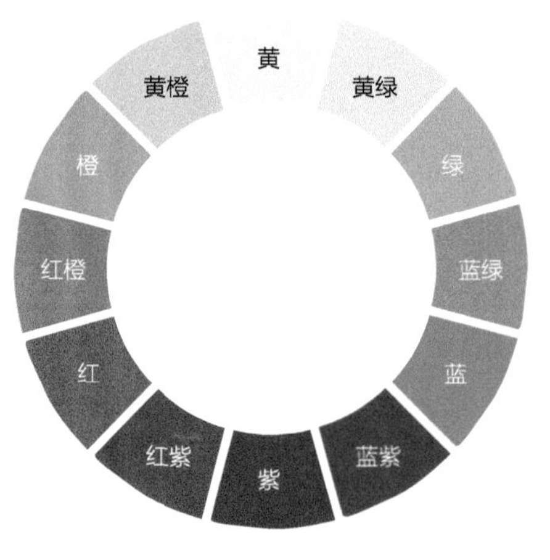

图3-7 十二色相环

3.1.3.2 明度

明度(又称灰度、光度)是色彩深浅明暗的程度,是眼睛对光源和物体表面明暗程度的视觉体验。

明度取决于物体被照明的程度和物体表面的反射系数。无彩色系中,白色明度最高,黑色明度最低。有彩色系中黄色的明度最高,蓝紫色的明度最低。总的来说,亮色明度高,暗色明度低。明度通常用0%(黑色)~100%(白色)的百分比来度量。

3.1.3.3 纯度

颜色的纯度(又称彩度)指色彩的鲜艳程度,也称色彩的饱和度、彩度。纯度取决于该色中含色成分和消色成分(灰色)的比例。含色成分越多,饱和度越大;消色成分越多,饱和度越小,纯度使用0%(灰色)~100%(完全饱和)的百分比来度量。

光谱色是纯度最高的颜色,为极限纯度。我们使用的颜料,其纯度远低于光谱色,颜料混合的次数越多纯度越低。人们视觉所感受的色彩区域,基本上是非高纯度的色彩,正因如此,大自然的色彩才显得丰富多彩。

3.1.4 色彩的对比与调和

色彩的对比和调和是互为依存的矛盾的两个方面。色彩的对比就是当两种以上的色彩放在一起时产生较清晰的差别,从而产生对比效果。色彩之间的对比可体现在色彩的形状、面积、位置、色相、明度、纯度等方面,差异越大,对比越强烈,当我们减小这种差异,对比变缓和就达到了色彩的调和。色彩的对比是绝对的,色彩的调和则是相对的,它们互相排斥又相互依存,对比太强过于刺激,色彩太调和了则显平淡。因此,处理好色彩的对比与调和的关系是组织好色彩使其产生美感的关键。

色彩对比从色彩性质来分有色相对比、明度对比、纯度对比;从色彩的形象来分有形状、位置、面积、肌理、虚实等对比;从色彩的心理与生理效应来分有冷暖、轻重、进退、动静、胀缩等对比;从对比色的数量来分有双色、多色、色组和色调等对比。我们下面仅从色彩性质来分析色彩的对比与调和。

3.1.4.1 色相对比

色相对比是由色相差别造成的对比,色相在色相环上距离与角度的大小可体现色相对比关系的强弱,我们可将任何一个基色从色相对比上分成:邻近色、类似色、中差色、对比色与互补色等类别。

（1）邻近色对比

邻近色在色相环上与基色相接，邻近色之间色相差异很小，是最微弱的色相对比。邻近色作配合容易感觉单调，对比的方法为：可拉开明度、纯度的对比，使之产生循序的渐进，以弥补同色调和的单调感和色相感的不足。

（2）类似色对比

类似色是在色环上间隔15° 左右的色彩，如红与紫、紫与蓝等。类似色比邻近色的对比效果要明显些，它统一柔和，又单纯明确，类似色的调和主要靠类似色之间的共同色来产生作用。但也要在明度或纯度上体现变化，避免单调（图3-8）。

（3）中差色对比

中差色是在色相环上间隔60° ~120° 左右的色彩。如黄与红、蓝与绿、蓝与红。因色相间差异比较明确，中差色对比明快，对比效果介于类似色与对比色之间。

（4）对比色对比

对比色是在色相环上间隔120° ~170° 左右的色彩。对比色具有饱和华丽、活跃欢快的感情特点，色彩对比效果鲜明而强烈，容易使人兴奋激动，也易产生不和谐感。调和方法有很多，例如选用一种对比色将其纯度提高或降低另一种对比色的纯度；在一方对比色中混入另一方对比色；在对比色之间插入分割色（金、银、黑、白、灰等）（图3-9）；采用双方面积大小不同的处理方法，都可以达到对比中的调和。

（5）互补色对比

互补色是色相环中处于180° 的两色，是最强的一种色相对比。互补色是一种原色与其余两种原色产生的间色的对比关系，一般只有红与绿、黄与紫、蓝与橙三对。互补色对比强烈，极具视觉冲击力，但处理不当极易造成炫目刺激、生硬杂乱等问题。

图3-8 远处的村庄　马珂

图3-9 玛利亚别墅 曾晋

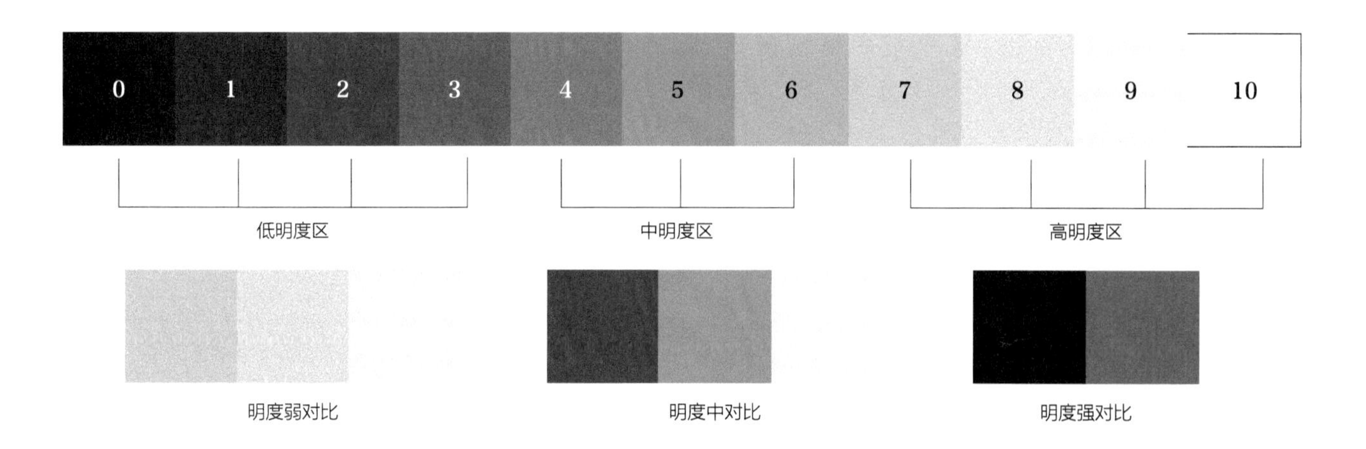

图3-10 明度对比

3.1.4.2 明度对比

明度对比是指色彩深浅明暗程度的对比。色彩的明度包括同一种色之间的明度差，和不同色彩之间的明度差两个概念（图3-10）。

根据明度色标，凡明度为0至3度的色彩称为低明度色，低明度色彩的面积占画面70%左右构成低明度调，低明度调适合用于表现以沉静厚重、强硬刚毅、神秘黑暗、阴险哀伤等特征为基调的绘画作品。

明度为4度至6度的色彩称为中明度色，中明度色彩的面积占画面70%左右时构成中明度调。中明度调具有柔和稳定感，给人以朴素稳定、老成庄重、刻苦平凡的感觉。但运用不好也可能造成呆板无聊的感觉。

明度为7度至10度的色彩称为高明度色，高明度色彩在面积占画面70%左右时构成高明度调。高明度调具有优雅明亮的感觉，容易营造轻快柔软、明朗纯洁的效果。但应用不当会使人有疲劳冷淡、病态的感受。

色彩间明度差别的大小，决定明度对比的强弱。

明度对比小于3度的对比称为短调对比，这种明度对比给人的感受是光感弱、体积感弱、平面感强，适合表现不明朗和模糊含混的效果。

明度对比为3至5度的对比称为明度中对比，又称为中调对比。这种明度对比给人的感受是：形象清晰、节奏感强。

明度对比大于5度的对比称明度强对比，又称为长调对比。明度对比强时，给人的感受是：光感强、体积感强、形象清晰锐利，但处理不好则易显得生硬空洞。

3.1.4.3 纯度对比

纯度对比是指不同纯度的色彩并置在一起产生色彩鲜艳程度的对比，它是色彩对比的一个重要方面，纯度对比可以给画面带来高雅或通俗、古朴或华丽、夺目或含蓄的不同感受。色彩纯度对比的强弱程度取决于色彩在纯度等差色标上的距离，距离越长对比越强，反之则对比越弱。

高纯度色彩在画面面积占70%左右时，构成高纯度基调，即鲜调（图3-11）。高纯度基调给人积极强烈、膨胀外向、热闹活泼的感觉，但运用不当也会产生残暴恐怖、疯狂刺激、低俗等效果。

图3-11 别墅效果图表现 夏克梁

中纯度色彩在画面面积占70%左右时，构成中纯度基调，即中调。中纯度基调给人的感觉是中庸文雅、稳定可靠（图3-12）。

低纯度色彩在画面面积占70%左右时，构成低纯度基调，即灰调。低纯度基调容易给人悲观消极、内向无力、陈旧肮脏的感觉，但运用适宜也可营造自然简朴、超俗无争、安静随和的气氛（图3-13）。

我们在应用色彩时，单纯的纯度对比很少出现，多表现为包括明度、色相对比在内的以纯度为主的对比。

图3-12 书院·光 李川

图3-13 梨树坞雪夜 陈飞虎

色相对比、明度对比、纯度对比是最基本、最重要的色彩对比形式。在实践中很少有单一对比形式出现，绝大部分建筑画的色彩对比是以三者综合的形式出现。

3.2　影响色彩变化的主要因素

建筑画的色彩不仅要服从于客观对象，也要表达出作者的主观感受。总的来说，影响色彩变化主要有固有色、光源色和环境色三个客观因素。

3.2.1 固有色

固有色就是物体所呈现的本色，是物体色彩的基本特征，是人们在看到物体时最直观的色彩。物体完全以固有色面貌出现是很少的，因为从物理学上讲，物体是固定的物理结构，具有吸收和反射特定波长光线的能力，当物体处于柔和的漫反射光源下时固有色最明显，在过于强烈或微弱的光线下，固有色的特征都会减弱。因此我们在表现建筑画时，不能孤立地看待固有色，还要考虑光源色和环境色给物体色彩带来的变化。

3.2.2 光源色

由各种性质不同的光源发出的色光叫光源色（标准光源：①白炽灯②太阳光③有太阳时所特有的蓝天的昼光）。普通白炽灯的光偏黄色和橙色，这时光源色偏暖，普通荧光灯所含蓝色的光多，此时光源色偏冷。早晨正午和傍晚的太阳光也会有明显的色彩倾向和冷暖差别。不同颜色的物体，在同一光源的照射下产生统一的光源色，从而形成了一定的色调。光源色的色相越明确，色调的倾向性也越明确。

3.2.3 环境色

环境色是指周围环境的色彩在物体上的表现。物体的颜色会因为其周围其他物体对光的反射而出现微妙的变化，这种现象在暗部更为明显。物体和物体之间的色彩是相互影响和制约的，处理好建筑画的色彩是一门复杂的学问，我们必须多去研究其中的规律，正确地运用色彩来表达我们的艺术感受。

3.3　建筑画色彩的分析方法

建筑画的着眼点是建筑，主要应表现建筑的比例和尺度、材料质感、透视关系以及环境特点等，如何真实生动地表现出建筑及其周围环境的关系，重点在于画前分析和领会设计精神，不仅要求形似，更应体现建筑内在的气韵。因此优秀的建筑画，画面的核心要素就是各种关系的处理：包括色彩关系、空间构图关系、明暗关系等。想要准确生动地表达建筑的思想情感和主题内容，需要在创作前对建筑画的色彩进行分析，才能充分体现建筑设计师的设计意图。

图3-14 窗外 凌霞

3.3.1 确定色调

建筑画创作前应分析画面主要的色彩印象并确定色调，色调应符合画面主题所要表达的情绪。色调从色彩性质来分类常用的则有冷调、暖调以及中间调三种色调。画面色调的冷暖往往以建筑主体色彩作为依据：根据建筑主体冷暖色彩所占的比例来确定主色调，当暖色占建筑大部分面积时，画面可确定为暖调子，如冷色的面积较大，则可确定为冷调子（图3-14），如果冷暖色比例适中，就可用中间调来表现建筑画。

3.3.2 用主体色协调画面

任何色彩都可以通过其主导色相的倾向归纳到三原色系列中去，建筑画画面中的主要用色即主体色，我们所见到的景物大部分是复色，因此在找主体色时，要敏锐地把这些由原色或间色混合而成的色彩再归纳还原成最简单的色彩，利用三原色的原理把复色分解开来。一幅建筑画除特殊画面需要，否则主体色不宜太多。当调配创作对象色彩对比太强的建筑画画面时，可以在各色相中都加入相应量的主体色，增强色彩之间的同一性。

3.3.3 用辅助色表达气氛

在建筑画中，建筑所处环境，如天空、地面、树木的色彩是环境色最主要的方面，我们把它确定为辅助色，它对衬托和突出主体建筑起重要作用，并且对建筑画表达环境气氛起决定性作用。辅助色在画面所占面积也较大，因此必须慎重对待辅助色的处理，必须综合考虑环境与物体、物体与物体之间的相互影响，即应该充分考虑环境色对物体色彩变化的影响。

3.3.4 点缀色的使用

刻画完建筑画的主体建筑和树木、天空、地面等配景以后，画面已经趋于完整。这时需要对画面进行统一的调整，如果前四个部分的色彩过于单一而显得呆板和缺乏生气时，我们可以使用点缀色来调整画面。点缀色一般使用与主体色和环境色色性相反且纯度较高的颜色，还要与配景的面积结合起来，配景的面积越小纯度可以越高，配景的面积越大纯度应该越低。

总而言之，色彩分析是彩色建筑画的基础，只有在作画的过程中认真思考，将理论知识转化为实践操作能力，才能创作出色彩关系协调、富有感染力的优秀建筑画（图3-15）。

思考题

1. 分析光与色的关系，了解光的波长和振幅不同会造成哪些不同的色彩感觉。
2. 色彩的对比与调和的形式和方法有哪些?
3. 如何控制建筑画的主体色调?

图3-15 国会大厦　埃利尔·沙里宁

第4章　建筑画表现技法

4.1　铅笔表现技法

4.1.1 概述

4.1.1.1 历史起源

铅笔画，是指以铅笔为表现工具的绘画作品，广义上也指素描。铅笔画属于最古老的画种。原始社会时期，原始人用烧剩的木炭，在洞穴的石壁上涂画狩猎时的情景，绘画也由此诞生。早在古希腊、古罗马时期就出现了制成锥形的铅棒。到17世纪，欧洲出现与现代类似的铅笔，荷兰画家们开始将其用于风景写生。由于铅笔简单、经济、携带方便，很快受到画家们的普遍喜爱。不过，这时的铅笔画，大多用于收集素材和创作草图。到18世纪，发明家将黏土与石墨混合，铅笔芯的软硬度得到有效的控制，铅笔画迅速发展起来。但铅笔画爱好者不满足于其只能单色表现，随后出现了模仿水彩画效果的彩色铅笔，以及具有油画般厚重效果的色粉笔，铅笔的种类日益丰富。

19世纪法国著名古典主义画家安格尔的人像素描和肖像习作，曾被当作铅笔画的典范，其清晰的轮廓和细腻的明暗差别优雅而严谨。浪漫主义画家德拉克洛瓦的铅笔速写笔触粗犷，具有一种激动人心的形象和气质。梵高喜欢选用宽型的木工铅笔，以求得到干脆有力的笔触。色粉画大师德加的画，将优雅流畅的轮廓同明晰的色调结合在一起，富有热情和魅力。

马蒂斯、毕加索等都有不少杰出的铅笔画作品留传于世。到了20世纪，尽管流派纷呈、风格多变，但许许多多的艺术大师仍继续在铅笔画的领域探索和耕耘（图4-1-1）。

4.1.1.2 特点

铅笔画工具简单、携带方便、表现快速简洁，技法难度相对较小，掌握起来比较容易。此外，在用线造型方面铅笔画也十分精确肯定，能随意地修改，深入细致地刻画细部，还能应用于多种表现形式，并且很容易和其他画材结合，如与马克笔或薄水粉结合，都有上佳的表现效果。

图4-1-1 建筑立面图　埃里克·帕里

4.1.2 材料工具

4.1.2.1 铅笔的种类

按性质和用途可分为石墨铅笔、颜色铅笔、特种铅笔3类。

（1）石墨铅笔

石墨铅笔为笔芯以石墨为主要原料的铅笔。石墨铅芯的硬度标志，一般用“H（Hard）”表示硬质铅笔，“B（Black）”表示软质铅笔，“HB”表示软硬适中的铅笔，“F”表示硬度在HB和H之间的铅笔。“H”或“B”字母前面的数字愈大，分别表明愈硬或愈软（图4-1-2）。

9H　8H　7H　6H　5H　4H　3H　2H　H　F　HB　B　2B　3B　4B　5B　6B　7B　8B　9B

硬　——→　中等　——→　软

图4-1-2 铅芯硬度标志

（2）颜色铅笔

颜色铅笔为铅芯有色彩的铅笔，颜色铅笔通常是成套（6、12、24、36、72种颜色）装盒。颜色铅笔色彩丰富，画面效果清新淡雅，大多可用橡皮擦去。

（3）特种铅笔

①玻璃铅笔：用于在玻璃、金属、搪瓷、陶瓷、皮革、塑料、有机玻璃等表面书写或作标记。

②变色铅笔：俗称拷贝铅笔，书写的字迹用橡皮擦不掉，适用于缮写长期保存的重要文件。

③炭画铅笔：又称碳素铅笔，色泽浓郁、对比强烈、表现力极强，但表现技法要求很高，难度较大，可作为铺设大关系的辅助工具使用。

④晒图铅笔：又称描图铅笔，用于绘图后直接晒图。

⑤水彩铅笔：又称水溶性彩色铅笔，水彩铅笔可以直接在纸上作画，只要用水彩笔沾水，在上面轻轻地涂抹，原本用颜色铅笔画出来的图像会和水彩画有相似的效果。

⑥粉彩铅笔：其硬度和书写手感类似粉笔。粉彩铅笔因含媒介物量少，描绘出来的图会保留粉彩质感，适合于晕染的画法。

⑦蜡笔：蜡笔是将颜料掺在蜡里制成的笔。蜡笔没有渗透性，是靠附着力固定在画面上，不适宜用过于光滑的纸或板面。

⑧油画棒：油画棒手感细腻、滑爽、铺展性好，叠色、混色性能优异。同蜡笔相比颜色更鲜艳，在纸面上的附着力更强（图4-1-3）。

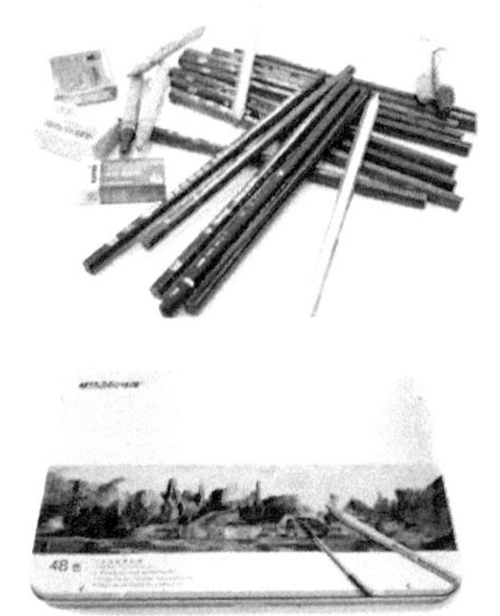

图4-1-3 铅笔画工具

4.1.2.2 铅笔画的表现用纸

铅笔对纸张的选择性不强，能适应大多数纸张，但在不同质地的纸张上绘制会出现不同的效果。总的来说，粗糙的纸张易着色，肌理感强；光滑的纸张效果细腻柔和，但不易着色。

（1）素描纸：纸面较粗糙、附铅性强、质地坚实、反复擦改、不易损坏纸面。

（2）复印纸：幅面适中、使用方便、价格便宜，适宜用作练习纸张。

（3）水彩纸：纸面纹理较粗糙，且纤维强韧，吸水性好，适合水彩铅笔的表现需要。

（4）有色纸：绘画时用纸的颜色做中间色，容易使画面色调统一、有层次感，且省时省力，适宜粉彩铅笔等覆盖性强的铅笔类型。

（5）硫酸纸：纸面较光滑，不易着色，但可利用其半透明的特性两面上色，丰富色彩层次。

4.1.2.3 铅笔画的辅助工具

（1）橡皮：软橡皮不易擦损纸纹，可用于大面积修改或局部提亮；可塑橡皮可以捏出特定的大小进行局部修改，吸去画面中过重的调子；硬橡皮用于提取高光以及修改精细部分。

（2）纸巾、毛毡、水粉笔：这三种工具主要是用来虚化调子、涂擦画面。

4.1.3 基本技法表现

铅笔的表现技法丰富多变，通过不同方向的排线，不同粗细的线条，利用揉

图4-1-4 城步苗族自治县桃林村入口鸟瞰图　罗金阁

擦、橡皮提白等手法都会形成不同的画面效果（图4-1-4 ）。

4.1.3.1 铅笔的排线方式

排线时，笔触的方向要在统一中追求变化，画面才不会杂乱，也可利用铅笔的不同部位画出不同的笔触，如将铅笔直立以尖端来画时，线条较明了而坚实，将铅笔斜侧以腹部来画时，线条比较模糊而柔和。

4.1.3.2 铅笔画与其他工具的结合

铅笔画可与其他画种结合，会产生更多丰富的效果。常见的有铅笔淡彩，即先用铅笔画出对象的轮廓并表现物体的光影明暗效果，然后再用浅薄而透明的水彩来烘托，是具有丰富明度和色调的表现方法。铅笔淡彩技法是以铅笔为主，色彩起烘托作用，即利用水彩颜色的透明性，透出铅笔底稿上的大致明暗关系，可使用纯度较高的色彩，最大程度发挥间色的表现能力，控制好水分，保持色彩纯净清透。

4.1.4 用铅笔表现肌理

铅笔的种类繁多、色彩丰富，恰当运用可表现出材质的肌理感（图4-1-5）。

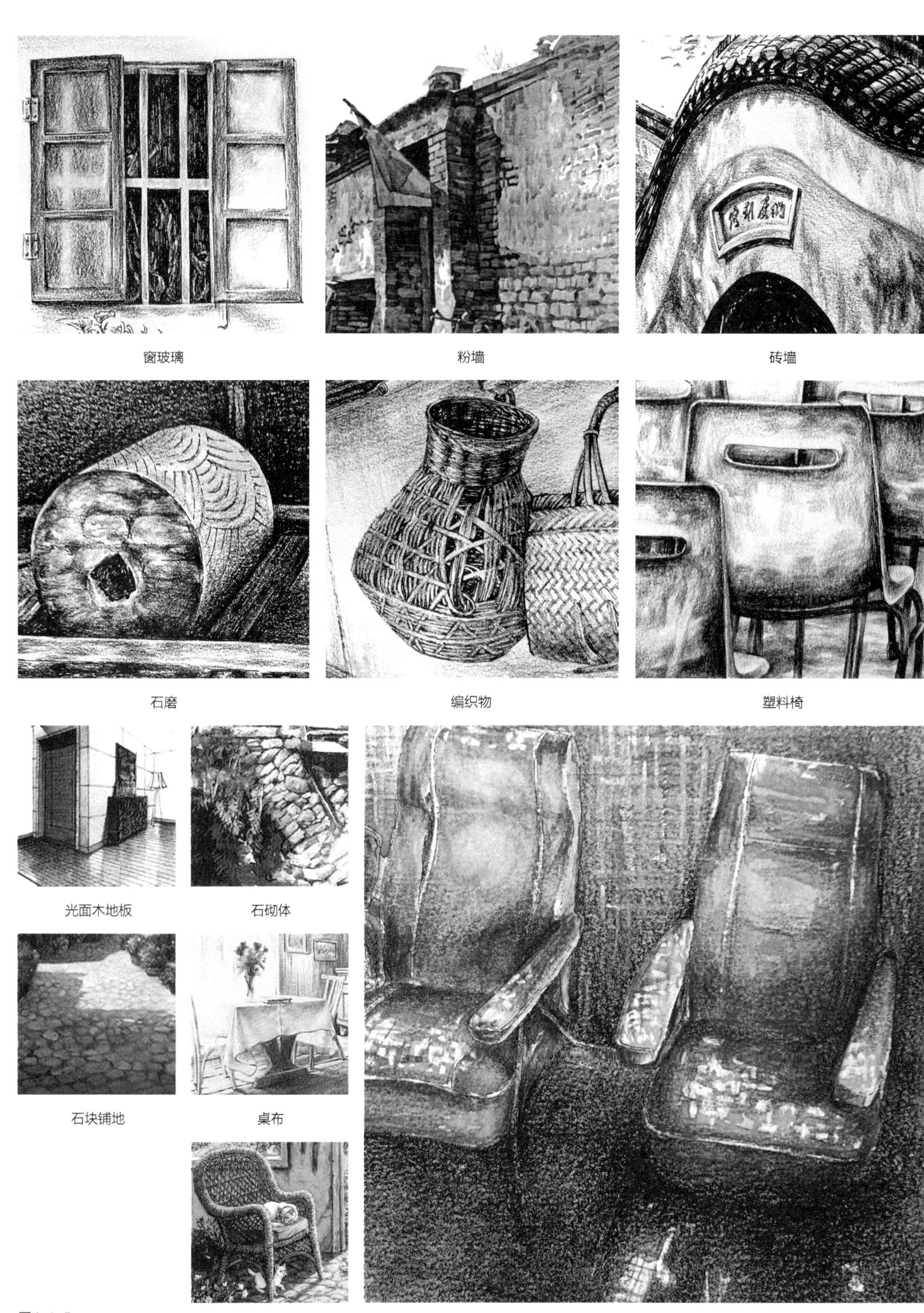

窗玻璃　粉墙　砖墙

石磨　编织物　塑料椅

光面木地板　石砌体

石块铺地　桌布

藤编椅　织物椅

图4-1-5
铅笔表现技法图例

4.1.5 方法与步骤

步骤一：构图。确定出最佳构图方案并起稿，按照从整体到局部的方法，概括出对象的外形特征、比例和位置关系。

步骤二： 确定大关系。深入表现对象时要有整体意识，抓住画面的主次关系，确定画面的趣味中心。

步骤一

步骤二

步骤三：深入刻画。逐步深入塑造对象的体积感、空间感和质感，对主要的、关键性的细节要精心刻画。

步骤四：调整完成。对画面进行整体的检查与调整，有所取舍，突出主体。对画面做加与减、强与弱的调整，注意节奏与秩序的控制。

步骤三

步骤四

最终完成作品（图4-1-6）：

图4-1-6 古村街巷　唐大有

4.1.6 作品欣赏

图4-1-7 鸡鸣寺道中 徐悲鸿

这幅绘制在有色纸上的铅笔画，是以有色纸的底色为中间色调，再画暗部和提亮亮部，形成准确丰富的明暗调子，画面玩味十足，线条简单明确，具有很强的艺术感染力。

图4-1-8 英国伦敦中国园林饭店 王文卿

这张建筑鸟瞰图，概括的远山景象与具体的建筑群体拉开了画面的空间关系，画面层次感突出。

图4-1-9 建筑外立面　韦斯特·韦斯特布鲁克

这张铅笔画在建筑外立面的表现中着重突出建筑的阴影变化，充满力量感的黑白对比、恰当的比例和丰富的明度变化使画面充满了节奏和韵律感。

作者借助尺规工具，描绘了室内空间丰富微妙的明度变化，耐心塑造出场景中丰富的空间光影变化，作品中点、线、面三大构成的运用使画面在严谨中呈现活跃欢快的气质气氛。

图4-1-10 庭院光影　巴里·盖森

图4-1-11 印第安纳波利斯市某办公楼 钟训正

图4-1-12 建筑立面图 埃里克·帕里

图4-1-13 室内表现图　沃·麦德维捷耶夫

这幅表现建筑室内的铅笔画，采用留白的手法塑造出强烈的光影效果并突出了画面的主体，素描功底扎实，刻画深入，准确地呈现出空间的真实氛围。

4.1.7 课后习题

以校园中的建筑物为主体作铅笔画，8开画纸，共2幅。

要求：

实地写生，作画中可参考与场景类似的图片；

注重构图的完整，透视准确，突出形体的光影表达；

自由选择纸张和铅笔工具。

4.2 钢笔表现技法

4.2.1 概述

4.2.1.1 历史源起

19世纪末自来水笔的出现，使钢笔工具得到普及，钢笔画在欧洲问世并逐渐传入中国，成为一门独立的画种。虽然钢笔画传入中国已有百年历史，但直到20世纪90年代后才逐渐兴盛起来。随着国内制笔业的发展，钢笔画工具拓展到各类针管笔、签字笔、圆珠笔、宽头笔、软头笔等，并被广泛运用于各种连环画、插画的创作和建筑画的表现中。钢笔画的涵义也从原来以钢笔为工具绘制的图画逐渐衍生为凡是绘制出与钢笔线条相似的画都被称为钢笔画。

钢笔画工具携带方便，笔触清新灵活，书写自如，不但受到广大建筑师的青睐，也逐渐成为现代设计师快速表达设计理念的首选工具。近年来，我国大部分高校都开设了钢笔画课程，旨在培养学生的手头表达能力、敏锐的观察能力及概括表现能力，以此提高学生的综合素养，为今后的项目实践奠定基础。

4.2.1.2 特点

建筑钢笔画是一种简明、快速、直观、概括的表现画种，利用单色线条的变化和疏密组成的黑白调子来表现建筑。其特点是用笔果断潇洒，线条刚劲有力，画面黑白分明、简洁明快，画面效果细密紧凑，对建筑既能进行精细入微的刻画，亦可进行高度的艺术概括（图4-2-1、4-2-2）。

图4-2-2 吊脚楼 张雯

除此之外，建筑钢笔画还是一种极具兼容性的表现手法，其画面还可与水彩、水粉、彩色铅笔、马克笔等绘画工具进行结合，使画面效果更为丰富，更具有综合特色，从而产生钢笔淡彩与钢笔重彩等多种表现形式。

图4-2-1 八角楼 陈晓玉

4.2.2 材料工具

4.2.2.1 钢笔的种类

按性质和用途可分为钢笔、美工笔、针管笔、签字笔等。

（1）钢笔与美工笔：钢笔是较为普遍的书写绘画工具；美工笔是在钢笔的基础上，根据绘图的需要，将钢笔原有的笔尖进行弯曲得来的。使用美工笔时，可根据所绘制线条的需要来调整用笔的力度、笔尖的方向、笔身的倾斜角度，从而绘出不同形状的线条，既增强了线条的表现力，也丰富了画面的艺术效果。

（2）针管笔与签字笔：针管笔是绘制设计图纸的常用工具；签字笔是一种常用的书写工具。因针管笔和签字笔所绘制出的线条与钢笔线条相似，且出水流畅、型号多样，因而也被列为钢笔画表现的常用工具。

（3）其他绘画用笔：圆珠笔、宽头笔、软性尖头笔、麦克笔（黑色）等也具有很强的艺术表现力，为钢笔画表现的艺术性带来更多的可能，也使钢笔画的表现语言更加丰富多彩。

4.2.2.2 钢笔画的表现用纸

纸张是建筑钢笔画表现中的一项重要材料。不同质地、肌理、色泽的纸张表现出的画面效果也不同。因钢笔、签字笔、针管笔的笔尖较硬，加上用笔的力度，因此纸张的选择要有一定的厚度，以确定在用笔时坚硬的笔尖不会将纸面划破。素描速写本、水彩速写本的纸张较为理想。

除了对纸张厚度的要求之外，画本规格大小应根据创作需要及外出写生时携带方便进行选择。常用的有8开（A3）速写本、12开（方形）速写本、16开（A4）速写本，另外还有4开（A2）速写本及32开甚至64开速写本。除此之外，也可以选用散装的速写纸、复印纸、卡纸、牛皮纸等综合画板进行创作。

4.2.2.3 钢笔画的辅助工具

（1）墨水：在使用美工笔和灌水钢笔时需要用到墨水，选用国产墨水就可以满足要求，但要注意的是如果所绘制的钢笔线稿是作为钢笔淡彩的底稿使用，那么就要选择相对特殊的墨水，防止上色时墨色晕开。

（2）涂改液：我们在进行建筑钢笔画表现时，钢笔线条不易擦改，一般情况下，只能做“加法”，而不易做“减法”，因此我们可以在作画过程中配备一支涂改液，在必要的情况下进行适当的修改（图4-2-3）。

图4-2-3 钢笔画工具

4.2.3 基本技法表现

4.2.3.1 钢笔画表现形式

（1）线描法：线描法能有效地表现建筑结构关系，以建筑物的造型及结构关系为表现主体，通过线条来界定建筑的内部结构与外部轮廓。线描法从形式上应注重线的穿插关系与疏密对比，线条简明清晰，应具有较强概括性（图4-2-4）。

图4-2-4 建筑结构 周全

（2）明暗法：明暗法是表现建筑体块与肌理的有效方法，该表现手法适宜用于塑造体块感和厚重感。常用单线勾形再以明暗调子层层深入，用黑白灰对比拉开画面的前后空间关系，在保持画面统一性的同时，着重刻画并突出视觉中心（图4-2-5）。

（3）综合法：综合法适用于突出表现强烈的光感与建筑的体量感。先以单线勾画出物体形象，然后在建筑的主要结构转折处和明暗交界处，概括性地施以明暗调子，或以明暗调子为主，加以线条勾勒，此方法又称线面结合法（图4-2-6、图4-2-7）。

4.2.3.2 钢笔画与其他工具的结合

建筑钢笔画的表现手法多样，极具兼容性，可以将黑白线条与水彩、水粉、彩色铅笔、马克笔等彩色绘画工具进行结合，从而形成了钢笔淡彩或钢笔重彩等多种表现形式。常见的钢笔淡彩是以钢笔线条为底稿，并用水彩上色的表现技法。该表现手法注重钢笔画表现，色彩只起到烘托画面气氛的作用。

着色顺序应从浅到深、由远及近、从上到下、逐层叠加、逐步深入。钢笔淡彩画面湿润剔透、生动流畅、表现快捷，为大多数建筑手绘者所喜爱（图4-2-8、图4-2-9）。

图4-2-5 罗马废墟 皮嘉翘

图4-2-6 爱晚亭 钟亚子

图4-2-7 城市 李双会

图4-2-8 吊脚楼 梁雯茵

图4-2-9 光阴的故事 熊晨蕾

4.2.4 用钢笔表现肌理

钢笔画运用不同的技法可表现出不同材质的肌理（图4-2-10）。

图4-2-10 钢笔表现技法图例

4.2.5 方法与步骤

以明暗法为表现手法进行步骤讲解：

步骤一：起稿。起稿阶段是画面的组织阶段，应注意建筑物与周边环境的关系并进行合理的取舍，不宜照搬原景。

步骤二：确定画面关系。该阶段应注意不用着重刻画某个细节，而是将建筑物的大体轮廓与建筑物的前后空间与虚实关系表现出来即可，画面依然要有视觉上的整体性。

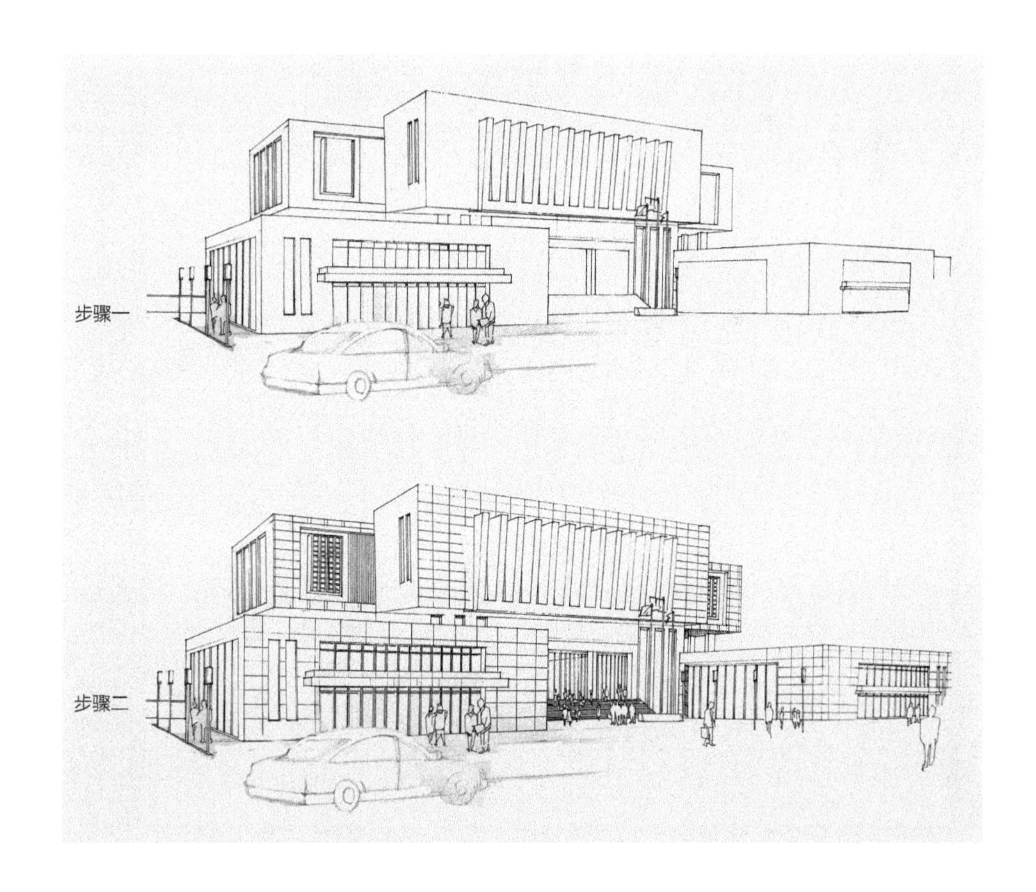

步骤三：深入刻画。有意识地加深体积感，为增添画面的丰富性，可适当地描绘出建筑主体的明暗光影。

步骤四：整体调整。运用黑白灰关系表现建筑的空间结构。退进去的空间颜色较重，突出来的结构用色较亮，过渡部分与弱化部分用中间调子，并且需要仔细描绘出建筑的配景与细节。

最终完成作品（图4-2-11）：

图4-2-11 文化中心表现图 王凌雁

4.2.6 优秀作品欣赏

图4-2-12 建筑表现图　勒·柯布西耶

图4-2-13 小区入口　马晓晨

图4-2-14 建筑表现图 彭一刚

这幅钢笔画作品利用线条的疏密组织关系勾勒出了建筑的光影变化，利用不同形式的线条表现出建筑不同的肌理，每一个构件，每一棵植物，作者都进行了耐心的雕琢，最终呈现出富有感染力的画面。

图4-2-15 建筑表现图 彭一刚

图4-2-16 商业办公楼方案 夏宗阳

这幅钢笔画作品通过不同方向的线条的疏密结合，创造出了丰富多变的光影与建筑材质的变化，线条干净利落，画面黑白对比明显，主题突出。

图4-2-17 建筑速写 梁思成

这幅作品的线条运笔迅捷且富有张力，使整个画面充满生命力，丰富的光影效果和对建筑细节的深入描绘，使画面变得耐人寻味。

图4-2-18 室内一景 张雯

这张钢笔室内表现画打动人的关键在于，变化的笔触，灵动的线条和复线的运用，且细节的塑造也是它的魅力所在。

4.2.7 课后习题

用钢笔画表现别墅建筑，8开画纸2幅。

要求：

选择富有表现力的建筑进行写生；

注重构图的完整，透视准确，突出形体的空间变化；

自由选择纸张和钢笔工具。

4.3　水彩表现技法

4.3.1 概述

4.3.1.1 历史起源

旧石器时代晚期开始人类已经使用水加彩的方法作画。十万年前东方的山顶洞人用矿物颜料涂饰石珠来作画；三千五百多年前西方埃及尼罗河沿岸的人们在纸莎草茎皮卷轴上绘制细密画。他们统一使用水作为调色液，部分调色液中还掺有胶或油脂。到18世纪至19世纪，水彩画受到英国权贵们的喜爱和重视，使其在英国迅速发展起来。

中国古代的彩墨画，根据其作画性质也可属于水彩画。明清时期西方水彩画传入中国，不少中国画大师在创作中融合了西方水彩画的部分技法，形成了中国式水彩画。近年来，我国建筑与艺术院校涌现出不少优秀的水彩画家，对中国水彩画的发展起着重要的推动作用。

建筑水彩画是水彩画的一种，是建筑画中常用的色彩表现方法之一。由于水彩画工具材料的性能独特、表现力强，并能在短时间内通过水与色的交融描绘出轻透明快、生动流畅的画面效果，给人以美好的艺术享受和深刻的艺术感悟，因此建筑水彩画一直倍受建筑界的青睐，同时也是高校建筑学院学生的一门必修课。

4.3.1.2 特点

水彩画是以水调和颜料所做的绘画。水彩颜料颗粒很细，与水调和后水色丰润、自然流畅，具有很好的透明性。也正是由于水彩画透明的性质，所以画面中的浅色无法覆盖深色。初学者往往因为覆盖过多导致画面变灰变脏，失去水彩画干净透明的特性。具有透明性这一特征使水彩画与油画、水粉画等覆盖力强、画面厚重的画种形成了鲜明的对比，也因为其透明性使水彩画清新明快、水色淋漓、韵味无穷（图4-3-1）。

图4-3-1 太行农家　陈飞虎

4.3.2 材料工具

4.3.2.1 水彩画笔

水彩画笔种类很多。从毛质上分，有狼毫、羊毫、貂毫和狼羊兼毫；从形状上分，有圆形、扁形、尖型；还有大小号之区别。各种型号的笔有各自不同的特点和用途（图4-3-2）。

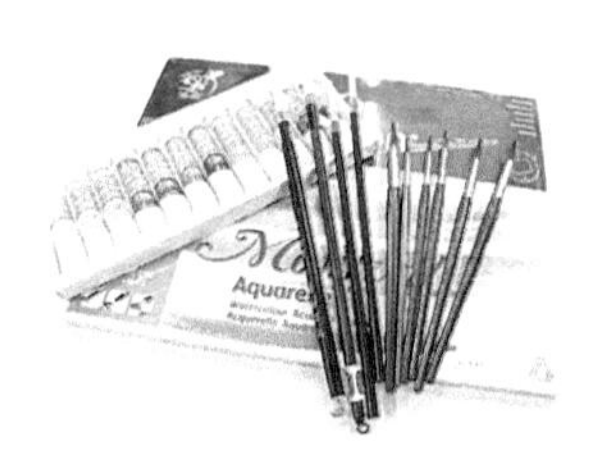

图4-3-2 水彩画笔

羊毫属软性毛质，含水量多，用笔变化丰富。因水彩画需要用水带色，故羊毫笔是必不可少的。市面上不少专用的水彩画笔用羊毫制成。中国书画用的大白云属羊毫类，可代替专用羊毫水彩画笔。在创作大一点的画幅时，还需准备一些羊毛排笔，3cm、2cm宽不等，作为铺大色块用。

狼毫和貂毫属硬性毛质。这种笔的笔毛富有弹性，主要用来勾线或塑造细部。除市面上专制的狼毫水彩画笔外，中国画用的兰竹、衣纹、叶筋笔都可用来作水彩画。

一般来讲，初学者在进行基础训练时，准备一两支羊毫画笔、一支狼毫画笔就够用了。长期不用的毛笔，可伴几块樟脑球以防虫蛀。新买来的毛笔可能有脱毛现象，用线把笔毛根部绕紧即可。

4.3.2.2 水彩颜料

水彩颜料的制作采用矿物质、植物质和化学合成三种基本原料，还加入甘油、桃胶调制而成。国内目前生产水彩颜料的厂家很多，但质量有所欠缺，对颜料本身质量要求较高的水彩画家多选择价格昂贵的进口颜料。

不同类型水彩画颜料颜色的透明度各不一样。一般来说，植物质颜料比矿物质颜料透明。实验结果表明：柠檬黄、普蓝、翠绿、玫瑰红、酞青蓝、青莲最透明；朱红、中黄、铬黄、深绿、群青、熟褐次之；土黄、土红、粉绿、钴蓝、赭石透明度最低。掌握水彩画颜料的透明度，对于在实际应用中把握水彩画颜料的特性很有必要。

4.3.2.3 水彩画纸

水彩画纸的种类繁多，分粗面、细面；纸质坚实、纸质松软；纸基厚、纸基薄；布纹纸、线纹纸；吸水性强、吸水性弱种种。一般来说，对画纸的要求是质地洁白、纸基粗厚坚实、吸水性适中，上色后色彩感觉好、不漏矾。

纸质太松、吸收量大的纸，在干后大部分色彩被纸吸入，以致使画面变灰，暗淡无色，并且水彩画的润泽感和渗化作用也难以实现。纸基太薄的纸，纸质湿后容易起皱变形，使画面凹凸不平。目前，市面上的水彩纸常以克数表示其厚度。一般来说，140克以下的纸太薄。近年，市面上出现了220克，甚至260克的纸，质量很好。假如使用较薄的纸作水彩画，可以裱在画板上作画，以防起皱。

各种纹理的纸可以出现不同的效果。纹理较粗的纸，一般更受到画家的欢迎，因为这种类型的纸吸水性和附着力较强，既适合水色饱和的湿画法，又适合层层重叠的干画法。画面的效果凝重、浑厚，并且较粗纹理的纸在涂色运笔时，偶尔产生飞白，可增加画面色彩的亮度和透明感的效果。

水彩画漏矾现象也较常见，纸面漏矾属画纸质量问题。漏矾处往往不易着附颜色。此时，可用饱和的胶矾水溶液刷一次，待干后再用即可。但有时也利用漏矾的纸达到某种特殊的效果，则另当别论。

此外，绘制建筑水彩渲染图时还可以采用纸板、拷贝纸、硫酸纸等。

4.3.2.4 水彩画的辅助工具

（1）颜料调和剂：可以消除水中的全部油迹，提高色彩的亮度、光泽度和透明度。

（2）遮盖液：用来遮盖小块面积，以产生特殊亮点，如表现建筑墙面的斑驳肌理或冬天大雪纷飞的气氛等。也可在着色前使用蜡笔或油画棒在所需位置涂抹以取得同样效果。

（3）水彩凡尼斯：用来保护和增加作品的光亮度。

4.3.3 基本技法表现

目前建筑画中水彩表现技法主要分为干画法和湿画法两大类。

4.3.3.1 干画法

干画法是用水调配颜料以后，在干的纸面上着色的一种方法。这种画法在上每一遍色时仍需要水分饱满，只是在上色时，其承受颜色的纸面是干的。干画法分干画重叠法和干画并置法两种。干画重叠法通常是先画浅色、亮色、薄色，后画深色、暗色、厚色。每次着色应力求颜色的透明。干画并置法是等前一遍颜色干了以后，再在它旁边排上第二遍颜色，不使其相互扩散。

用干画法可以将物体形状准确表现，色彩层次清晰，体面转折明确，造型结实，能充分突出地表现对象。并且使用干画法，可以从容地用色彩表现对象，色彩稳定，适于长期深入刻画物体（图4-3-3）。

干画法应注意的几点：

（1）每次重叠颜色时，要待前一遍颜色完全干了。如果在前一遍颜色将干未干

图4-3-3
约翰镇小店（英国） 陈飞虎

时接着上第二遍颜色，就会出现难看的水渍。

（2）必须预计颜色重叠后的效果，如第一遍是黄色，重叠色为蓝色，那么重叠部分两种颜色的混合色感是偏某种绿色倾向。这种重叠后的结果，主要依靠绘画者本人的色彩知识及技法经验来判断。

（3）先画的颜色可以为不透明色，后重叠的颜色必须是透明色。越往后重叠的颜色越要薄，否则会失去透明性。

（4）为了保证颜色的纯洁度，越是后面的颜色越要纯度高，否则，颜色容易变脏、变灰、变哑。

4.3.3.2 湿画法

湿画法就是在湿的底子上着色的一种方法，也就是趁纸面水、色未干时进行连续着色的方法。这种方法可以利用水分将各种颜色互相融化、渗透，以取得丰富、明朗的色彩效果。

湿画法通常采用以下几种方法：

（1）湿纸画法：在着色前先将纸用清水浸湿，当纸未干时，在湿纸上着颜色。这种画法，能使色彩混合成朦胧状态，给人若隐若现的感觉。它适宜于表现虚远、变幻莫测、色彩柔和的景物，如雨景、雾景、远景等。着色时要从不同的表现目的出发，来决定纸面水量的多少。一般采用湿纸画法时，笔上颜色水分要少，才能表现出一定的笔触和色彩效果。

（2）湿的重叠法：这是湿画法中使用最多的一种方法。它是在画面上趁前遍颜色未干时重叠颜色的方法，使前后色彩相互渗透，达到转折柔和、衔接自然、水色丰润、变化无穷的效果。

（3）湿的晕染法：这是用水将未干的颜色从旁晕化烘染的技法。这种方法可使颜色产生一种渐变的色彩效果。用此法时，先上的颜色要有适当水分，在晕化时再根据需要来掌握好笔上的水分。

在作一幅画的具体过程中，总是干湿结合，没有完全的干画法或完全的湿画法完成的。只能说有些画面是以干画法为主，有的是以湿画法为主。在干湿结合的具体操作中，有如下常用规律：

①铺大调子以湿画法为主，具体塑造时以干画法为主；

②远景以湿画法为主，近景以干画法为主；

③虚的部分以湿画法为主，实的部分以干画法为主；

④次要部分以湿画法为主，主体部分以干画法为主；

⑤柔软光滑的物体以湿画法为主，坚硬粗糙的物体以干画法为主。

4.3.4 特殊技法表现

水彩画除了这两种基本技法外，还有一些特殊技法：撒盐法、喷水法、刮色法、蛋清画法、贴纸泼彩法、糨糊调色法、揉叠画纸法、蜡笔加色法、洗涤法、拓印法等。这些技法大大丰富了水彩画艺术的表现力。

4.3.4.1 撒盐法

先将画面刷上一层颜色，在将干未干时撒上一把精盐，约两分钟后，由于盐的吸水作用，使画面产生了白色雪花状纹理（图4-3-4）。

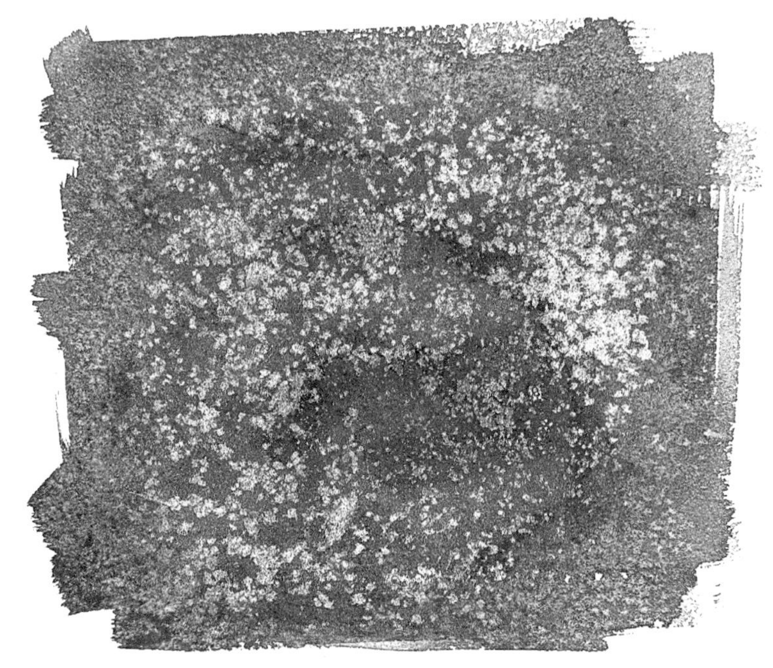

图4-3-4 撒盐法

图4-3-5 刮色法

初用这种技法的人，因在撒下盐后未马上见到效果，就立即补撒第二次盐，使画面造成白色糊状纹理。所以，有经验者总是在撒盐几分钟后再根据画面情况决定是否补撒。

4.3.4.2 刮色法

刮色法必须在颜色将干未干时进行，因为只有在此时才能刮动颜色而露出纸的本色（图4-3-5）。

不同的纸面有不同的刮色效果。此图用的是保定纸粗面水彩纸，刮色后产生了斑驳的肌理效果。本图例是用小刀片来进行刮色的，也可用笔杆、竹片、细树枝、手指甲等来刮色而实现不同效果。

4.3.4.3 揉叠画纸法

这是用温州水彩纸进行揉叠着色的情形，假如使用其他画纸将会有另外的效果（图4-3-6）。

使用这种方法可以先上色后揉叠，也可以先揉叠后上色，此图是按后种方法进行的。

图4-3-6 揉叠画纸法

4.3.4.4 拓印法

先在白色卡纸上任意涂上水彩色，再用另一张纸覆盖于这张涂有颜色的纸上，稍加压力后将上面的纸按一定方向揭开，就产生了富有变化的纹样。纹样大多像山峦、树木、冰雪等（图4-3-7）。

本图例是一次性拓印形成的。在具体创作的过程中，可根据画面效果进行多次拓印，以表现更丰富的色彩和形状的变化。

图 4-3-7 拓印法

4.3.4.5 蜡笔法

先用蜡笔在纸上画出一定形象，然后在涂有蜡笔的部位着水彩色。由于蜡笔的油性作用，使水彩色与之分离，呈现原蜡笔色彩（图4-3-8）。

这种画法很适宜表现深色中的浅色点、浅色线。

4.3.4.6 洗涤法

这是用清水洗涤画面颜色来表达某种物象或某种特殊效果的技法。这种方法已被画家普遍使用。洗涤法有干洗和湿洗两种方法，用干洗法表现的形体明确，用湿洗法表现的形体模糊（图4-3-9）。

图4-3-8 蜡笔法

图4-3-9 洗涤法

4.3.5 用水彩画表现肌理

恰当运用水彩画的各种技法可表现出不同的肌理感（图4-3-10）。

瓦　砖　树

光　水　陶

雾　石　影

木　铁　雪

图4-3-10 水彩画各种肌理的表现

4.3.6 方法与步骤

步骤一：起稿。先用铅笔勾勒出画面的主要表达对象，即将建筑的轮廓、体积关系以及配景的位置、体量大致表现出来。

步骤二：湿画法确定大关系。用湿画法渲染天空、地面等环境以及建筑的主体，从而使画面形成统一的气氛。

步骤一

步骤二

步骤三：干画法深入。 用干画法塑造建筑的主要结构，清晰勾画出建筑主要的空间关系之后再用不同的颜色、笔触表达不同的材质，利用明度、纯度的变化体现空间的前后关系。

步骤四：干湿结合法处理细节。用干湿结合的方法，进一步刻画建筑的细节、光影与植物配景等。

步骤三

步骤四

最终完成作品（图4-3-11）：

图4-3-11 商业街设计表现图 曾晋

4.3.7 作品欣赏

波兰艺术家、建筑设计师格热戈曰·罗贝尔在这幅描绘高迪米拉公寓的作品中，主要采用水彩画表现手法中的干画法，水分掌握到位，色彩纯净透明，充分表现出南欧地区明媚的阳光和建筑本身活泼多变的空间造型，画面轻快愉悦富有感染力。

图4-3-12 米拉公寓 格热戈曰·罗贝尔

画作中梁思成运用中国画的淡雅色调和构图方式充分表达出其东方韵味十足的审美情趣，笔触轻松，画面的气氛温暖、亲切。

图4-3-13
北京颐和园谐趣园 梁思成

图4-3-14 上海美术馆　凌本立

图4-3-15 水边小镇　陈飞虎

图4-3-16 老理发店　徐琳

4.3.8 课后习题

以学校大门为主体进行水彩画表现技法写生练习，8开画纸2幅。

要求：

实地写生，注意观察建筑的形体特征；

构图合理，透视准确，重点表现水彩画的透明特性。

4.4 水粉表现技法

4.4.1 概述

4.4.1.1 历史起源

水粉画是指使用水调和粉质颜料绘制而成的一种画。现代水粉画是在英国水彩画的发展过程中形成的。水粉画技法在水彩画出现的开始就存在，但在成为独立、成熟的画种之前，水粉画法一度只是水彩画为了追求油画效果所使用的一种技法。18世纪中叶的英国油画盛行，水彩画还处于发展初期，其艺术价值没有得到充分的认识和肯定，部分水彩艺术家便采取了水彩画向油画效果靠拢的折中办法。经过漫长的探索和实践，水粉画技法得到丰富和完善，水粉画逐渐成熟。进入20世纪，水粉画终于成为一个独立的画种。

使用水粉颜料着色在我国有着悠久的历史，最早可见于北魏时期的敦煌壁画。尽管如此，真正说到我国现代水粉画艺术，却属舶来品。值得一提的是，在西方现代水粉画艺术传入我国之前，水粉颜料早已广泛应用于广告画、宣传画以及图案设计等领域。因此，水粉颜料又被称为“广告色”、“宣传色”和“图案色”等。直到现在，市面上出售的水粉颜料也大多沿用这些名称。

4.4.1.2 特点

水粉画的表现力强，色彩浑厚饱和，不透明，覆盖性佳。用色的干湿厚薄程度不同均会产生不一样的艺术效果，因此非常适合表达各类建筑空间（图4-4-1）。

水粉画的特点是用水和白色颜料来调和各色颜料以获得不同明度、纯度的色彩，使画面产生丰富的色调及色度变化。它既保有油画的厚重感，同时又有水彩画的湿润感，因此受到人们的推崇和喜爱。不论是学校黑板报或是专业画师绘图，总少不了水粉画的身影。水粉画与水彩画的区别也很明显，两者虽都需要用水调和颜色，但画水粉画不用像画水彩画那般需要仔细考虑水分对画面的影响；也不必担心频繁改动会使画面变灰、变脏。因此它能被初学者既快又好地掌握，同时也是专业绘图者和画家深入表现建筑或其他艺术形象的极佳选择（图4-4-2）。

图4-4-1 巴黎歌剧院 佚名

图4-4-2 巴黎歌剧院 佚名

4.4.2 材料工具

4.4.2.1 水粉画笔

水粉画对于画笔的选择并不十分严格。圆头笔、扁头笔、尖头笔或吸水性不强的尼龙笔皆为很好的选择，它们可以满足平涂、点块、勾勒和其他用途需求。

4.4.2.2 水粉颜料

水粉画颜料和水彩画颜料的基本原料大体相近，都采用了植物质、矿物质和人工合成的有色物质作为原材料。只不过水粉画颜料的粉质胶质更重，使其覆盖能力增强，形成了水粉画鲜明的特点。

在水粉颜料使用过程中，水和白色颜料起着重要的调色作用。使用白色调和可以产生丰富多样的明暗色彩关系，这一点和油画颇为类似；而依靠适当的水分可以得到纯度更高、更湿润的颜色，上色过程也会更加轻快流畅，这又与水彩画有异曲同工之妙。但是，类似不等于相同。虽然水粉颜料的粉质胶质都较重，但不如油画颜料那样牢固，如果反复覆盖过多涂抹，画面在彻底干后比较容易开裂剥落，因此在水粉画创作过程中应避免过多涂抹。

4.4.2.3 水粉画纸

专业的水粉画纸通常吸水性佳，纸张较厚，纸的正面带有圆形的小凹槽。但通常情况下，只要纸张厚实且不易起皱均可拿来作为练习，不同的纸张会得到不同的肌理效果。因此，在实际绘画中，可以根据自身的需要选择不同种类的纸张。

图4-4-3 水粉画工具

4.4.2.4 水粉画的辅助工具

刮刀、竹片、板刷等非常规作画工具，如果使用得当也能收获意外的画面效果（图4-4-3）。

4.4.3 基本技法表现

水粉颜料的特性决定水粉画技法的丰富性，它是水性颜料且具有覆盖性，因此既可用水彩的技法画也可用油画的技法来表现。目前建筑画中水粉表现技法主要分为干画法和湿画法两大类。

4.4.3.1 干画法

干画法是指用水粉颜料在干的纸面上着色的一种方法，这种画法避免了不同色块之间相互渗透的现象，因此干画法色彩层次清晰，体面转折明确，造型结实，可以将物体形态表现得肯定，能对表现的对象进行充分深入的刻画。

水粉干画技法应注意的几点：

（1）要待前一遍颜色较干时进行叠色，否则会出现颜色的相互渗透，失去了干画法层次清晰，转折明确的特点。

（2）避免叠加遍数过多，着色过厚会造成笔触含混，色彩灰暗浑浊以及颜色干枯龟裂。

（3）运用干画法时笔触应果断有力，避免下笔犹疑软弱，用笔要有方向性，达到轻松明快的画面效果（图4-4-4）。

图4-4-4 办公楼效果图 章又新

4.4.3.2 湿画法

湿画法是指用水粉颜料在湿的纸面上着色的一种方法，也就是趁纸面水、色未干时进行连续着色的方法。这种方法可以利用水分将各种颜色互相融合、渗透，以取得丰富柔和、变幻莫测的偶然色彩效果。很适宜于表现远景、雨景、雾景等朦胧的场景，不适宜用于需要明确形态的画面。

湿画法通常采用以下几种方法绘制：

（1）湿纸画法：在着色前先将纸面用清水浸湿，当纸未干时，在湿纸上着颜色。这种画法，能使色彩混合成朦胧状态，若隐若现，常常出现偶然的色彩效果。

（2）湿画重叠法：这是湿画法中使用最多的一种方法，即趁颜色未干时再重叠颜色的方法，使前后色彩相互渗透，达到转折柔和、衔接自然、变化丰富的效果（图4-4-5）。

图4-4-5 大庆石油大厦 侯继尧

水粉湿画法应注意的几点：

（1）水的稀释作用以及纸面对颜色的吸收，色彩干后会变淡变灰，注意绘制时颜色应有足够的饱和度，否则画面缺乏力度和表现力。

（2）用笔要果断，颜色准确，力求一次到位，否则容易失去湿画法色彩混合自然、形态朦胧的特殊效果，修改起来也会较困难。

在一幅画的具体创作过程中，总是干湿结合或以某种方法为主，极少以完全的干画法或完全的湿画法完成。

4.4.4 用水粉画表现肌理

灵活运用水粉画的各种技法可表现出不同材质的肌理感（图4-4-6）。

石材 砖墙 水纹

云彩 木材 雪景

皮质 布料 玻璃

图4-4-6 水粉技法图例

4.4.5 方法与步骤

步骤一：铅笔画轮廓。首先用铅笔或黑色墨笔打好轮廓，然后绘制天空，天空的绘制宜采用湿画法，表现出色彩的微妙变化。

步骤二：绘制建筑主体。用相对概括的颜色描绘出建筑主体，正确把握好色彩关系，画出主要的投影。

步骤一

步骤二

步骤三：画出水面及建筑倒影。要注意建筑与倒影的虚实关系以及水面与天空的色彩呼应。

步骤四：绘制建筑前后的配景。注意配景的色彩要与画面整体协调，着墨不能喧宾夺主。

步骤三

步骤四

最终完成作品（图4-4-7）：

图4-4-7
希尔·维瑟姆市政厅　罗金阁

4.4.6 作品欣赏

图4-4-8 雪中别墅 黄海波

这幅水粉作品采用偏紫的冷色调来表现冬日的雪景，采用偏黄的暖色调来表现建筑，使画面有了微妙的冷暖对比，笔触灵动肯定，轻松爽朗，近景的精细刻画进一步加强了空间的层次感。

图4-4-9 古城新貌 章又新

章又新的这幅水粉作品整体基调清新明快，画面形成高明度的灰色调子，很好地表现了中式建筑黛瓦粉墙的风貌，细节刻画生动，水景灵动丰富。

图4-4-10 孔庙印象 张奇

这幅作品运用大量的红色烘托出孔庙的神圣感，画面充满张力，通过大面积低明度的红色和小面积的白色对比使画面有了视觉中心，并与近景拉开了距离，形成建筑被古树掩映的空间感受。

4.4.7 课后习题

1. 临摹一幅冷色调水粉建筑表现画；
2. 以学校办公楼为主体进行水粉画表现技法写生练习。

要求：

自选画幅大小；

充分表现水粉颜料色彩饱和，覆盖性强的特征。

4.5 水彩水粉混合表现技法

4.5.1 概述

4.5.1.1 历史起源

水彩水粉混合画法是将水彩和水粉这两种相对独立的绘画形式通过巧妙合理的结合，营造出有独特感染力画面的绘画技法，以达到取长补短的效果。印象派时期，人们开始追求与油画效果不同的清透明丽的画面，因此许多画家开始借助于各类水性颜料来进行创作。在17世纪末18世纪初，人们从水性颜料画种中发现颜料有透明色与不透明色之分。一种色泽光鲜、透明轻快的画种——水彩画就此诞生，并得到迅猛发展。但当水彩画盛行之后，人们又发现了水彩画覆盖力弱的缺点，许多水彩画家为了追求细腻厚重的画面效果，增加了对粉质白颜料的使用，并模仿油画的表现技法，产生了不透明的水彩画技法，这种技法在发展过程中逐步使水彩画脱离自身的透明性，演变为现在的水粉画。这些画种的更迭和变革无不与画种自身的特点以及人们不断更新的观念有关，水彩水粉混合画法正是人们将二者有机结合以寻求更好的表达效果而产生的一种新技法。

4.5.1.2 特点

水彩画是以水为媒介调合水性颜料的画种，通过对水分的控制和色彩的运用取得画面效果。画面的韵律节奏、色彩关系都可通过水分的比例来体现，因此，水分是水彩画的生命与灵魂，它起着支配画面效果的作用。

水粉画是用水和白色颜料为媒介来调和水性颜料的画种。水粉画可以画出和水彩画一样自然流畅的效果，但是它不具备水彩画的透明特性，并且由于加重了粉质颜料的使用，具有一定的覆盖能力。画家可利用它的不透明、可叠加的特性来表达厚重的画面效果。

水彩水粉混合画法是将水彩、水粉的优点巧妙地结合在一起，衍生出一种新的、更具视觉感染力的绘画方式。水彩水粉混合画法既利用了水彩画面明亮、轻快、透明的特点来营造整体气氛，又结合了水粉颜料不透明、覆盖性强的特点来突出主体、加强层次（图4-5-1）。这种绘画形式在建筑画表现中效果尤为突出，先使用水彩画表现远景和环境，再通过水粉画法对建筑主体进行深入刻画，以突出建筑主体，拉开环境空间层次，加强视觉冲击力。

图4-5-1 沈阳天宝金店门面设计 张书鸿

4.5.2 材料工具

水彩水粉混合画法在工具的选择上包括

图4-5-2 水彩、水粉工具

水彩、水粉两类工具（图4-5-2）。

4.5.2.1 画笔

（1）水彩笔

水彩部分应选用水彩专用画笔。

（2）水粉笔

水粉的画笔主要以扁形方头笔为主，适宜绘制较大面积的色块及用体面塑造形体。画笔侧面也可画出较细的线条，如运笔时正侧转动，就会出现线面结合、富有变化的表现效果。在使用与表现形体时，也可参考油画的一些表现技巧。

（3）其他笔类

①中国毛笔：笔锋长而尖，中锋、侧锋等各种笔法画出来的线条灵活生动。适于表现某些具有线特征的形体，如树木、花果、建筑、车船、人物等，效果有独到之处。

②油画笔：笔锋短，笔毛质地坚挺，笔触刚直有力。油画笔适宜于画厚画法，使用油画笔绘制的水粉画效果近似于油画。

③底纹笔：用于涂底色，画大面积的天空、地面以及比较概括统一的远景等。

4.5.2.2 混合画法颜料

（1）水彩颜料：常用的湿水彩颜料片和锡管装膏状水彩颜料易溶于水，色彩质量与亮度极佳，水彩水粉混合画法中多采用这两种颜料进行作画。

（2）水粉颜料：选择市面上出售的优质水粉颜料即可满足作画要求。

4.5.2.3 混合画法的表现用纸

因为水彩的绘画特性对纸张要求比较高，而水粉要求相对较低，所以应选择质量较好的水彩纸作为作画纸张。水彩水粉混合画法多选用棉、亚麻或碎布所制成的优质水彩纸张，其中冷压纸最能发挥水彩画的特性，也是绝大多数水彩水粉混合画法作品所采用的纸张。纸张遇水会有膨胀的现象，如果纸张太薄，水彩上色后会有严重的凹凸起伏现象，因此应选用较厚的纸张。

4.5.3 基本技法表现

水彩水粉混合画法技法丰富多变，使用不同的工具、运用不同的表现技法。会给作品带来不同的画面效果（图4-5-3）。

4.5.3.1 水粉部分的基本技法

水粉技法丰富，既可用水粉也可用油画的技法来表现。水粉干画法是用层涂的方法在干燥的纸面上着色，不追求色彩渗化效果，擅长表现肯定明晰的形体结构和丰富的色彩层次。干画法包括层涂、罩色、接色、枯笔、留白等方法，湿画法则多通过层叠、接色等手法来表现色彩的过渡和晕染。

4.5.3.2 水彩部分的基本技法

水彩画是通过调节水分比例来控制颜料厚薄，利用水分将各种颜色互相融化、渗透，以取得丰富、明朗的色彩效果。水彩画也可以使用重叠法，在画面上趁前遍颜色未干时重叠颜色，使前后色彩相互渗透，达到转折柔和、衔接自然、水色丰润、变

图4-5-3 凤阳工商银行 罗林

化无穷的效果。

4.5.3.3 水彩水粉混合画法基本技法

水彩水粉混合画法既结合了水彩画面明亮、轻快透明的特点来营造整体环境、渲染气氛，又利用了水粉颜料不透明、覆盖性强的特点来突出主体、加强层次，所以作画次序一般是先画水彩部分，再画水粉部分。

4.5.4 用水彩水粉混合画法表现肌理

水彩水粉混合画法技法多样，对材质的肌理感表现能力强（图4-5-4）。

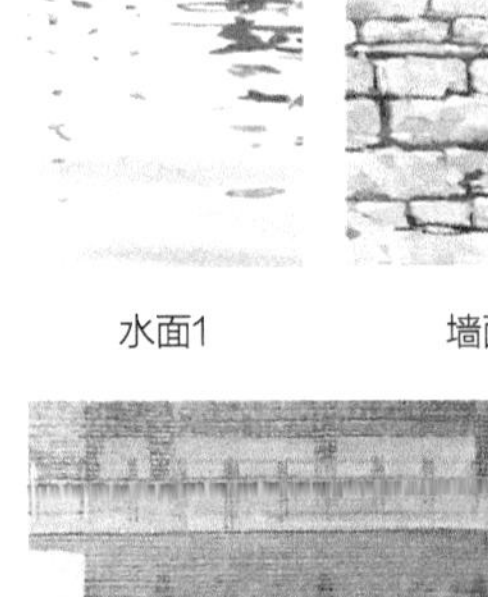

水面1 墙面

草地1

天空

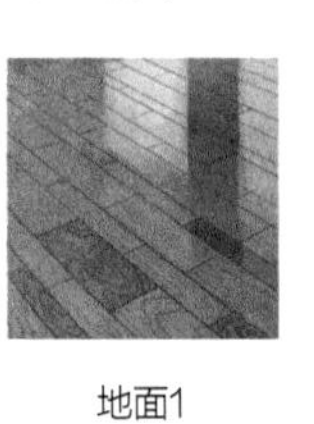

地面1

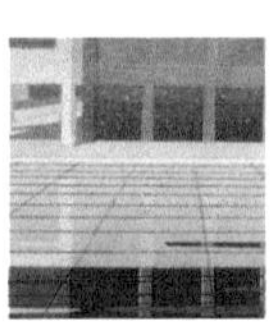

地面2

水面2

草地2

金属

图4-5-4 水彩水粉混合画技法图例

4.5.5 方法与步骤

步骤一：起稿。首先使用铅笔构图，勾勒出建筑的主要结构，注意在正确绘制透视关系的同时应确定画面的主次关系。

步骤二：水彩上色。先用水彩湿画法表现远景的天空、近景的水面，并适当地加入植物配景。充分利用水彩透明性的特点，表现出建筑的周边环境。

步骤三：水粉上色。使用水粉绘制建筑整体，重点刻画建筑屋顶、墙面等主要结构。绘制时应充分利用水粉的不透明性特征，表现出建筑的体量感。

步骤四：深入刻画细节。可同时使用水彩与水粉对建筑的细节进行深入调整与刻画，着重表现建筑墙砖、门窗、周边车辆、景观等细节，并细致描绘出建筑不同材质之间的光影和色泽变化，以最终完成作品（图4-5-5）。

步骤一

步骤二

步骤三

图4-5-5 别墅建筑效果表现　陈飞虎　罗金阁　皮嘉翘　唐大有

4.5.6 作品欣赏

图4-5-6 商业大厦 上海达安公司801工程方案 王幼芬

这张用水彩水粉混合画法绘制的建筑效果图，先使用了水彩湿画法，在整个画面薄薄地铺上统一的蓝色调，背景偶然的特殊肌理，形成很强的动势活跃了画面。再用水粉干画法精心绘制建筑实体，松动流畅的背景和结构准确的建筑形成对比，突出了建筑的严谨和整体感。

这张水彩水粉混合画法绘制的建筑表现图，水彩运用轻松透明，水粉塑造形体准确深入，很好地体现了建筑的特点和设计者的设计意图。

图4-5-7 光与高层　胡立凡

作者用水彩水粉结合技法，逼真地描绘出大厦中庭各立面的光影和空间变化，精准地表达出不同材质之间的微差，在保证画面整体的同时又呈现了丰富的细节。

图4-5-8 大楼中庭 比尔·埃克里斯

图4-5-9 加利福尼亚州会议中心提案 画家：威·什切潘斯基 设计师：亚瑟·埃里克森

这张威·什切潘斯基绘制的作品采用钢笔和水彩水粉结合的画法。先用钢笔和水彩刻画出造型复杂、透视准确的建筑，再用厚重的水粉颜料画出天空，并刮出漩涡状的纹样形成丰富的肌理。

4.5.7 课后习题

运用水彩水粉混合画法创作或写生一幅以建筑为主体的绘画作品。

要求：

运用水彩水粉技法表现画面；

画面层次结构明确，突出建筑主体。

4.6　马克笔表现技法

4.6.1 概述

4.6.1.1 历史起源

20世纪初，随着欧洲现代主义艺术运动和设计运动的兴起，各种现代艺术在一定程度上影响了设计表现图的风格，使其呈现出多元性，马克笔正是在这个时期被运用到设计表现图中。20世纪60至70年代马克笔表现技法传入我国，因其具有携带方便、色彩丰富、着色简便、易于掌握等优点，很快发展成为一种大众化的绘画表现工具。目前在设计行业（平面设计、服装设计、工业设计、环艺设计、建筑设计等）具有广泛的应用，是设计者表达设计概念和方案构思不可或缺的有力工具。

4.6.1.2 特点

马克笔又称记号笔，由英文“Marker”音译而来。它作为一种新型绘图工具在短时间内如此受到设计界的青睐，主要还是因为它具备许多传统绘图工具所不具备的特点。首先，马克笔的色彩种类繁多，多达上百种，且色彩的分布按照常用的频度可分成几个系列，相对于颜料色彩，省去了调色的麻烦，使用非常方便。其次，马克笔笔尖有楔形方头、圆头等几种形式，可以画出粗、中、细不同宽度的线条，通过各种排列组合，形成不同的明暗块面和笔触，具有较强的表现力。再次，马克笔色泽清新、透明，笔触极富现代感，作画快捷，携带方便，非常适合于用来诠释设计中潜在的构想，以及快速的表达其中的创意（图4-6-1）。

图4-6-1 古建　何婧

图4-6-2 马克笔工具

4.6.2 材料工具

4.6.2.1 马克笔的种类

马克笔按照注入颜料中的溶剂分类可分为水性、油性、酒精性三种。

（1）水性马克笔：水性马克笔色彩透明性高，颜色叠加性强，但不易重复上色。因其颜色重叠，笔触明显，所以不宜大面积平涂，只适合小面积点缀与勾勒，一般多用于产品效果图表现。

（2）油性马克笔：油性马克笔耐水、耐光，色彩鲜艳，覆盖力强，具有很强的视觉冲击力。它不但适合于在各种纸质上作画，而且还可以在玻璃，木板，墙布、墙纸等多种材料上作画，广泛应用于建筑、景观、室内设计等领域的效果图表现。

（3）酒精性马克笔：酒精性马克笔可在任何光滑表面书写，具有速干、防水、环保等优点。酒精性马克笔的墨水具有挥发性，应在良好通风处使用，使用完需要盖紧笔帽、远离火源并防止日晒（图4-6-2）。

马克笔按照笔芯分类可分为细头型、平口型、圆头型和方尖型四种。

（1）细头型：笔触细致，适合描绘细节和细线条等。

（2）平口型：笔头宽扁，适合勾边、大面积着色及写大型字体。

（3）圆头型：笔头两端呈圆形，书写或着色时不需转换笔头方向，适合勾边。

（4）方尖型：又名刀型，适合勾边、着色以及书写小字（图4-6-3）。

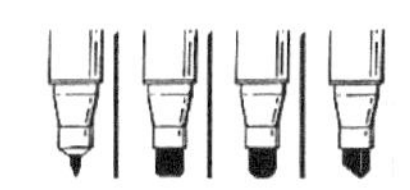

图4-6-3 马克笔工具

4.6.2.2 马克笔画的表现用纸

适合于马克笔表现的纸张有很多，一般说来，使用色纸画的设计表现图要考虑纸的颜色对画面氛围的影响。运用不同的纸张会呈现不同的效果，所以我们需要熟悉掌握每一种纸的特点，在绘图时选择自己习惯使用的即可。常用的马克笔表现用纸有以下几种：

（1）马克笔专用纸、白卡纸：对马克笔颜色有较好的吸附力和防渗作用，上色后色彩饱和度高。

（2）复印纸：吸收颜色过快，不利于颜色之间的过渡与深入刻画，多用于绘制草图或着色练习。

（3）硫酸纸：有一定的透明度，也可吸收一定的颜色，可以通过多次颜色叠加来达到满意的效果，多用来绘制正稿和上色。

4.6.2.3 马克笔画的辅助工具

就像所有其他的笔种一样，马克笔也有自身的局限性。比如马克笔适合快速表现大面积的色块，可是一旦用来营造质感和色彩变化，则需要与其他工具结合才能使效果更为出色。辅助工具有钢笔、水性笔、彩色铅笔、蜡笔和涂改液等。

（1）钢笔与水性笔：可以协助马克笔保持清晰的边线。

（2）彩色铅笔：可以用来调整画面的色彩与肌理，改善色彩的平淡与单调。

（3）蜡笔：可用于描绘具有渐变效果的背景。

（4）涂改液：可用来点高光或修饰画面。

4.6.3 基本技法表现

4.6.3.1 马克笔着色方法

马克笔的色彩型号很多，为了得到更丰富的色彩效果，可以将马克笔的颜色进行叠加与混合。马克笔色彩叠加与混合的方法主要有单色叠加、多色叠加、同色渐变以及色彩渐变。单色重复叠加可以使颜色加重，一般用于表现物体的明暗层次；多色叠加可以增强画面的层次感和色彩变化；同色渐变可以表现物体的真实与细腻；色彩渐变可以达到画面色彩的自然过渡。但是，在叠加与混合过程中需要注意的是叠加次数不宜过多，避免纸面起毛和颜色污浊。同时，在着色时，需在第一遍颜色干透后，再进行第二遍上色，而且要准确、快速，否则会使色彩变浑浊，失去马克笔透明和干净的优势。另外，由于马克笔不具有较强的覆盖性，所以在上色的过程中应该先上浅色而后覆盖深色，并且要概括上色，不需面面俱到。同时要注意色彩之间的搭配协调，应以中性色调为宜（图4-6-4）。

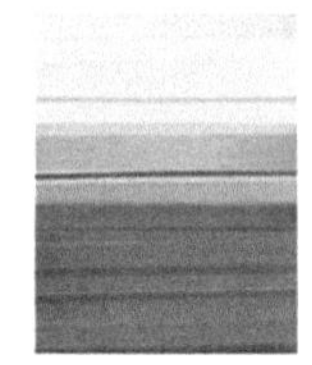
单色重叠

多色重叠

单色渐变

彩色渐变

图4-6-4 色彩的叠加与混合

4.6.3.2 马克笔笔触与运笔方法

马克笔有各种粗细不等的笔头，加上用笔力度的轻重变化，可绘出不同效果的线条，而不同形式的线条可以表现出不同的物体。比如，横向排列的笔触常用于表现地面、建筑顶面等水平面的进深感，也是表现物体竖形立面的常用方法；竖向排列的笔触常用于表现木板、石材、地面以及玻璃台面等在水平面上的反光和倒影，也可以用作表现物体的立面以及墙面的纵深感；斜线排列的笔触常用于表现透视结构明显的平面，如木地板、扣板吊顶等；弧线排列的笔触常用于表现圆弧形体及其体量感或用于丰富画面笔法等（图4-6-5）。

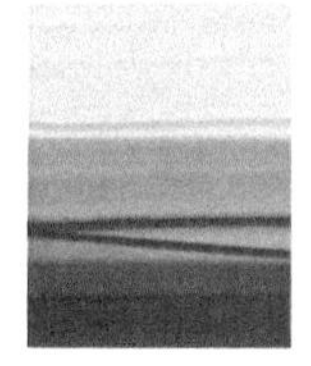

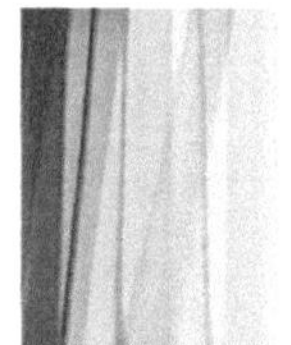

斜向笔触

弧形笔触

图4-6-5 笔触

马克笔运笔力求准确肯定、一气呵成，若运笔磨蹭、迂回，将使停留部位的纸面吸收更多的颜料，导致色彩不均，出现斑点。由于马克笔画法常用楔形的方笔头表现，所以在绘制过程中要组织好宽笔触并置的衔接，平铺时讲究对粗、中、细线条的巧妙搭配，避免死板（图4-6-6）。

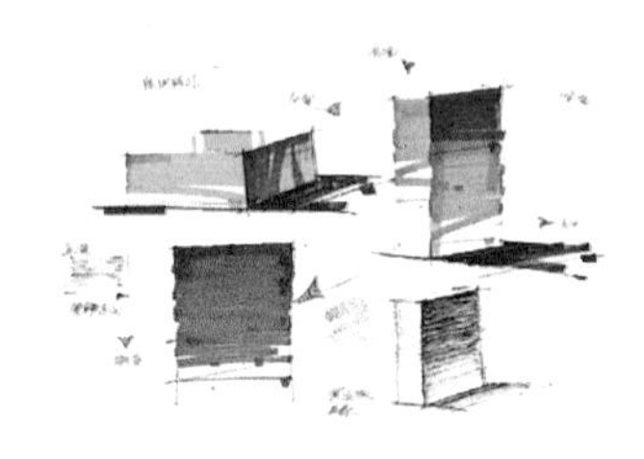

图4-6- 6 运笔

图4-6-7
安特卫普音乐学院　张冰钰

图4-6-8 室内效果图　林洨沣

4.6.4 建筑空间材质表现

建筑内外空间常见的材料有石材、木材、金属、玻璃、塑料、织布以及皮革等。不同的材质具有不同的纹理，应选择不同的表现方法（图4-6-7）。

4.6.4.1 石材

在建筑空间中，常见的石材分饰面石材与建筑石材。常用的饰面石材有花岗岩与大理石。马克笔表现这些石材时，首先薄涂一层底色，在色彩上要注意虚实和留白；然后在底色未干透的情况下，再以条纹笔状加入石材的纹络或用彩铅来辅助表现其纹理与肌理；最后根据大理石的光滑度加上反射，同时要注意物体的倒影虚化处理（图4-6-8）。

建筑石材种类繁多，但从形态上分无非就是圆润与尖锐两种。画圆润的石头，用笔要柔顺，局部的地方要刚硬，避免把石头画“软”。表现尖锐的石块，在面与面之间的交界处要画得尖锐，不能拖泥带水。

图4-6-9 木栈道 谢珊

4.6.4.2 木材

木材具有纹络与肌理，在手绘表现过程中，用笔不要过分一致，应随木材的纹理凹凸做深浅变化。在着色时，首先大面积刷上高光色，然后再铺木板色，利用略干的马克笔能带出木材纹络效果。如果与彩铅结合使用，效果则会更好（图4-6-9）。

4.6.4.3 玻璃

玻璃的特征是透明和反射，由于玻璃具有透明的特征，所以我们在描绘玻璃的质感时，其实是要将它所透视的物体和周边的环境表现出来，从而达到表现玻璃这一材质的目的（图4-6-10）。

4.6.4.4 塑料

我们将塑料分为透明塑料与亚光塑料。透明塑料最主要的特点就是其透光性，

图4-6-10 商场中庭 何婧

给人的感觉很“轻透”，故表现的时候不需要太强调其质感，尽量少画，要适可而止。亚光塑料不透光也不反光，用笔一定要坚定，线条挺拔明确，最好不要全部平涂，留白一部分，让画面更为透气。

4.6.4.5 织布与皮革

织布与皮革的共同点是均为人工或机械加工而成的软质材料，吸光均匀，表面柔和，而且富有弹性。一般在表现的过程中使用粗细结合的线条来表达，同时使用干湿结合的画法，着色要均匀湿润，线条要轻松流畅。因为这类型的材料是亚光的，因而明暗对比要和谐，不能过分强调高光，其受光面可采用直线高光的排列方法。

马克笔运用不同的技法可表现出不同材质的肌理（图4-6-11）。

图4-6-11 马克笔技法图例

4.6.5 方法与步骤

步骤一：构图。构图阶段旨在对画面做一个基本的定位和透视关系的把握，首先应分析对象的特征，选择最能充分体现其造型特征的角度，然后用钢笔或针管笔勾勒形体。

步骤二：整体着色。对画面进行整体着色，可以通过线条的粗细变化来表现空间的虚实以及通过色彩的叠加来丰富空间的层次。

步骤三：深入刻画。逐步添加颜色以深入塑造对象的体积感、空间感和质感，加深暗部色彩以及对主要的、关键性的细节精心刻画，增强画面的空间层次感。

步骤四：最后调整。根据画面的需要，在适当位置点缀色彩或加强对比色。对主要物体做最后的刻画和塑造，丰富其色彩层次以及肌理，清晰地表达出其结构。

最终完成作品（图4-6-12）：

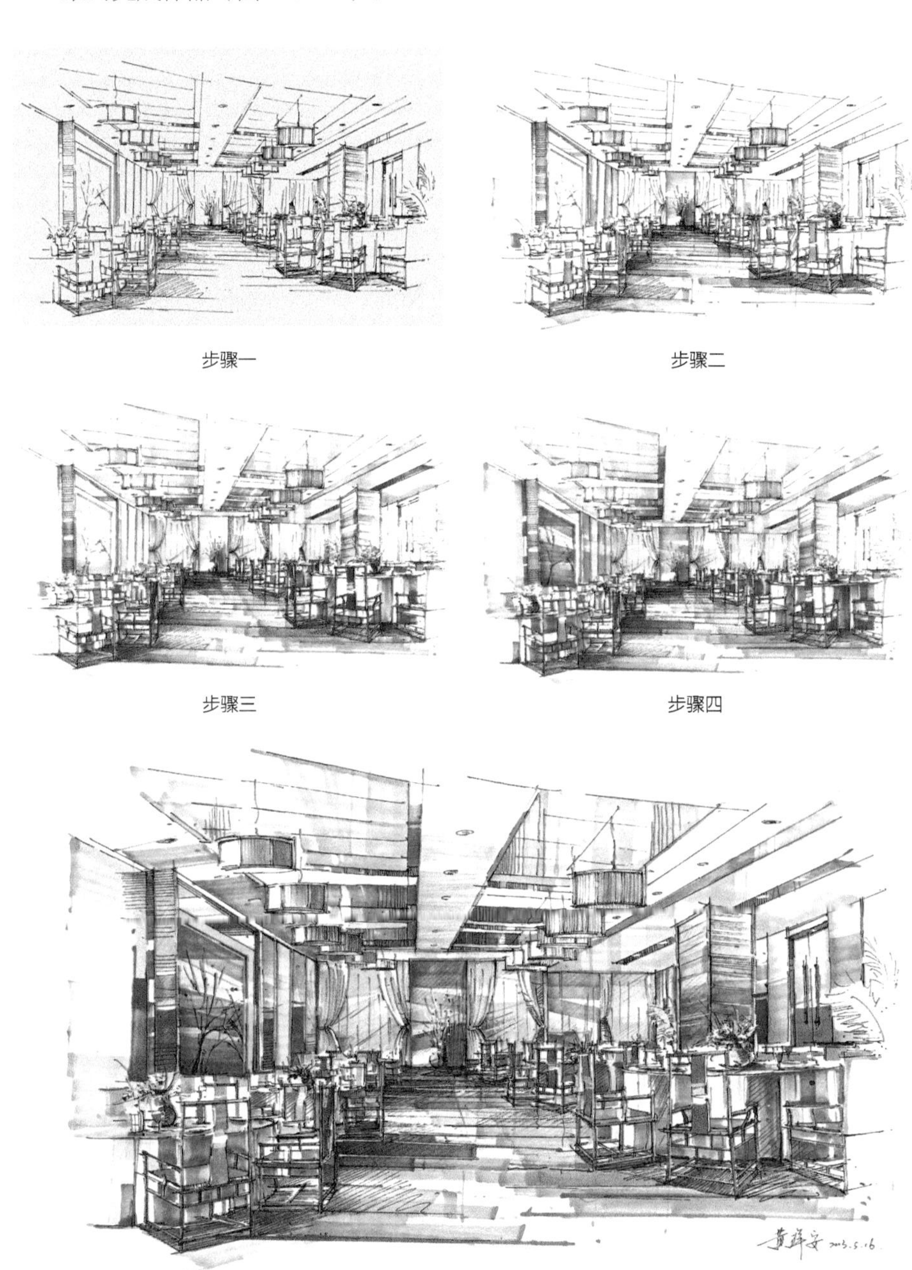

步骤一　步骤二

步骤三　步骤四

图4-6-12 酒店大厅表现图　黄洋安

4.6.6 作品欣赏

图4-6-13 纽约马里奥特大楼　画家：迪·哈蒙　设计师：约翰·波特曼

图4-6-14 商场中庭　Kadke 设计师：威尔逊·詹金斯联合设计有限公司

图4-6-14为威尔逊·詹金斯联合设计有限公司设计的一张建筑室内表现图，画面上运用大面积暖灰色调与局部冷色调进行对比，增加了画面的亲和力并渲染出了浓重的商业气氛。

这幅作品用笔严谨有力，色彩高雅，充分展现了建筑的魅力并很好地表达了设计师的设计意图。一幅优秀的马克笔建筑画，往往具有准确的透视、严谨的结构、和谐的色彩和豪放的笔触（图4-6-15）。

图4-6-15 大厦与广场 画家：迪 · 哈蒙 设计师：约翰 · 波特曼联合设计公司

图4-6-16 水体透视表现　马晓晨

图4-6-17 建筑写生作品　夏克梁

4.6.7 课后习题

以公园小品为主体进行马克笔表现创作或写生，8开画纸2幅。

要求：

底稿关系准确，构图完整，控制好画面大小；

所有线条不能有重复，不能有短线、断线，线条要流畅；

马克笔着色应考虑笔触、材质的表达。

4.7 综合表现技法

4.7.1 概述

4.7.1.1 历史起源

综合表现，顾名思义是指各种表现技法的综合运用，以达到快速表现的目的。如常用的钢笔、马克笔、水彩、水粉等技法的结合使用，它要求作画者熟练掌握各技法，并能灵活运用。

“综合表现技法”源于西方的综合材料绘画。真正现代意义的综合材料艺术首次出现是在1908年，当时以毕加索为代表的一批画家运用新的技术，将墙纸、乐谱、油画布、硬纸板等材料拼贴到画面中，并模仿油漆匠利用类似梳子的工具制造木纹的效果，他们把沙子、木屑及颜料混合以制造特殊质地的材料，试图制造出各种肌理效果，后来这一创作时期被称为“综合的”或“拼贴的”立体派。毕加索1912年所做的《有藤椅的静物》（图4-7-1）是这一技法的代表之作，该作品就是由油画与粘贴印有藤椅纹路的油布所构成。

图4-7-1 有藤椅的景物　毕加索

由于现代技术的发展，水彩、水粉、马克笔、电脑绘图等各种表现技法已得到普遍使用，为了提高绘图效率，丰富画面效果，我们常常将各种技法综合使用。比如在建筑手绘效果图的快速表达中，我们常常是将马克笔与彩铅结合使用，也可将电脑效果图与手绘效果图进行拼贴、合成，来制作完成画面。

4.7.1.2 特点

综合表现技法由于所使用的材料和技法可相互取长补短，所以能充分发挥材料的特性，使画面获得一些特殊的效果。材料与技法的综合应用使画面效果不再是某种单独的质感，各种效果互相融合、互补，实现多样性的统一。比如在有颜色的卡纸上打好墨线稿后，利用色粉笔、彩铅进行高光提亮等，会得到意想不到的效果。

4.7.2 材料工具

4.7.2.1 综合表现技法的画笔

综合表现技法的画笔种类根据绘画步骤和表现手法的不同，主要分三大类。第一类主要用于绘制底稿，包括铅笔、钢笔、针管笔、勾线笔、签字笔等硬笔。第二类主要是用于对画面进行着色，包括彩色铅笔、水彩笔、马克笔、色粉笔等。第三类是辅助用笔，例如在水彩表现及透明水色表现时，我们有可能用到毛笔类的工具，像“大白云”“叶筋”“依纹笔”等。

4.7.2.2 综合表现技法的颜料

颜料的选择一般根据纸本和表现技法的不同来选取，主要有水粉、水彩、透明水色以及丙烯等水性颜料。

4.7.2.3 综合表现技法的表现用纸

纸本的不同对建筑画的画面效果影响很大，应结合建筑画所表现的主题慎重选择。纸的种类主要有复印纸、水彩纸、水粉纸、铜版纸、制图纸、白卡纸、黑卡纸、色卡纸、硫酸纸等。由于综合表现技法是多种技法的综合应用，一般应选择较厚的纸本，以适应多种技法的使用。

4.7.3 基本技法表现

这一类表现技法是综合技法表现里最常见和最具效率的表现方式，主要是根据画面的内容和效果，综合运用各种材料和工具，取长补短，使画面产生意想不到的艺术效果。常用的有利用针管笔、铅笔、钢笔等硬笔打好底稿，再综合利用马克笔、彩色铅笔、水彩、水粉、丙烯等上色。例如，钢笔线稿上用马克笔来快速的表现块面效果，局部再用彩铅进行细致刻画，还可以使用色粉笔来提亮高光部分等（图4-7-2）。

此外，这种表现技法还包括一种比较特殊的形式，即透明水色渲染综合表现。透明水色的渲染大多是在钢笔或针管笔稿完成的基础上进行，一般由浅渐深，由上至下进行着色。由于透明水色的叠加的层次过多，色彩会变脏、变灰，所以着色一般一遍完成，局部调整可作两至三遍渲染，分层次进行。透明水色的综合表现一般是指在透明水色的基础上，用水溶性彩色铅笔进行细致、深入的塑造，在高光、反光的地方，采用水粉或者色粉笔加以刻画，利用各种材料的特性，使画面更加丰富完善（图4-7-3）。

4.7.3.1 有色纸渲染综合表现

有色纸渲染综合表现手法，顾名思义即是以有色纸作为基底材料，进行综合表现的手法。有色纸可以是常用的有色卡纸，也可以自己动手做。颜色的选择多为画面的基础色调。选好色底后就可以利用简洁、有力的墨线勾画好底图，在局部使用水粉、水彩、色粉笔等提亮画面，拉开画面的对比度，形成丰富的画面层次。

4.7.3.2 拼贴合成表现

现代技术的发展，使得复印、电脑效果图等更加普及，也为建筑表现图提供了新的绘制方式。拼贴合成表现主要是指在已有的建筑透视图的基础上合成和拼贴照片、印刷品等材料。这种方法能够大大提高工作效率。通常的做法是在手绘的建筑效果图上按照画面的整体比例和透视变化，选择合适的背景和配景图片，如画面中的人物、山体、天空等，通过增补、拼贴、合成等方式完成。

图4-7-2 银行大厦 特尔克

图4-7-3 餐厅门头设计 盛初云

无论是基于材料还是表现技法，在实际的工作中，我们要从艺术审美的角度出发，认真审视对象后，采取最合适的表现手法来完成绘画。

4.7.4 用综合表现技法表现肌理

综合表现技法多样，对材质的肌理感表现能力强（图4-7-4）。

图4-7-4 综合表现技法图例

4.7.5 方法与步骤

步骤一：构图。初步确定建筑形体和画面的构图，用钢笔勾画出对象的轮廓。注意建筑与植物、草地的前后关系。

步骤二：整体着色。在完成钢笔稿后，便可用色粉、马克笔来进行着色。先要确定物体的基本色调，由浅到深进行着色，用笔要干脆、利落，切勿拖拉，以免造成画面沉闷。

步骤三：深入塑造。确定好基本色调后，开始加入暗部色彩，以表现出对象的体积感、空间感和质感。

步骤四：最后调整。最后用彩铅来丰富画面，处理近景及明暗关系，提出天空、草地和建筑的高光部分，使明暗关系和空间的立体感更加明确。

最终完成作品（图4-7-4）：

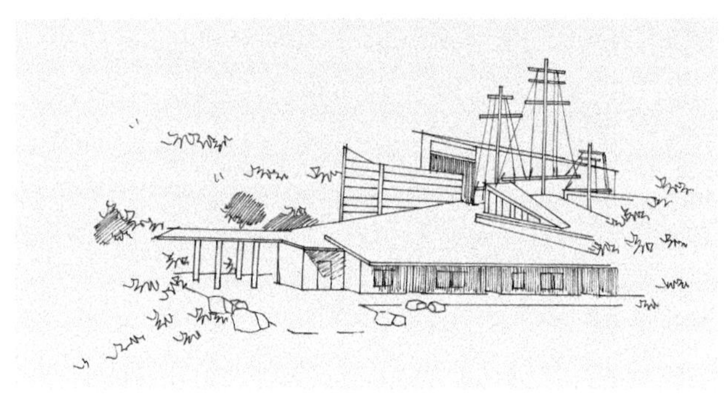

步骤一

步骤二

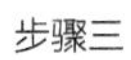

步骤三

步骤四

图4-7-4　沉船博物馆（色粉、马克笔、彩铅、钢笔）　谭梦茜

4.7.6 作品欣赏

图4-7-5 赌场 麦卡伦

这张综合表现技法的作品，采用了针管笔、马克笔、水彩和喷笔等工具，在深色的厚纸板上进行绘制，表现出了这座建筑夜晚中灯火阑珊的迷人氛围。

图4-7-6 河流与建筑 B·麦卡伦与T·麦卡伦

这幅B·麦卡伦与T·麦卡伦合作的作品，是在褐色卡纸上灵活运用了马克笔、针管笔、彩色墨水和水粉颜料等工具，大胆探索，精彩地表现出了建筑和环境的魅力。

图4-7-7 建筑效果图　佚名

4.7.7 课后习题

运用综合材料技法创作或写生一幅以建筑为主体的绘画作品。

要求：

运用综合材料技法表现画面，不局限于二维表现；

构图合理，刻画深入，有较强的气氛表现能力。

4.8 喷笔表现技法

4.8.1 概述

4.8.1.1 历史起源

喷笔画（又称喷绘）是指利用空气泵或压缩气罐等工具，将色彩喷到画面上的一种绘画形式，它由美国水彩画家查尔斯·伯迪克（Charles Burdick）于1893年发明。虽然这是现代技术支撑下喷笔画的首创，但是这种利用空气压缩原理来进行绘画的方法，早在旧石器时代就已经以鹿腿骨喷画的形式出现。

20世纪70至80年代，喷笔画在全世界范围内流行起来，因为其效果刻画逼真、表现细腻、变化丰富，极适合用于建筑画表现、广告包装、工业美术等各方面，我国许多艺术与建筑院校开设了专门的课程进行喷笔画教学。近二三十年，随着计算机技术的迅速发展，电脑绘图覆盖了建筑画的方方面面，其绘制出的建筑画基本能达到喷笔画的效果，并且效率更高，还可以反复修改、比较，因而导致喷笔画逐渐淡出人们的视线。

4.8.1.2 特点

喷笔画表现与其他手绘表现方式相比，在写实性方面更为突出，形象刻画逼真、色彩变化丰富并且细腻，可以达到以假乱真的画面效果（图4-8-1）；与电脑绘图相比，喷笔画表现更为自然生动，更具艺术效果。

4.8.2 材料工具

使用喷笔创作建筑画，并配合多种表现技法，能够达到其他技法难以达到的效果，丰富了建筑画的表现形式。最简单原始的喷笔画工具是运用牙刷和梳子，将牙刷蘸上颜料后在梳齿上来回刷动，弹射出的雾点同样可以达到喷绘效果，但是该方法仅适用于较简单的创作。当需要进行较大幅面的写实类建筑画（效果图）表达时，由于绘画的流程长，使用的频率高，就应使用专业工具进行绘制。

图4-8-1 建筑效果图 佚名

4.8.2.1 空气压缩机

(*a*) 空气压缩机

喷笔画需要一个提供压力的气源以提供均匀的气流将喷笔内的颜料喷出，在不考虑便携和静音而仅考虑稳定耐用和性价比高的情况下，通常应选择空气压缩机而非压缩气罐。空气压缩机包括容积型与速度型两种，其中容积型空气压缩机又包括往复式及回转式，在一般喷绘中使用到的小型空气压缩机属于往复式压缩机中的活塞式或膜片式，俗称美工泵或喷画泵（图4-8-2，*a*）。市场上可以购买的美工泵种类较多，最好选择带有储气罐的型号，优点是气压稳定，可消除脉冲，达到画面均匀柔和的效果。同时从安全的角度出发，气泵应具有自动停机和温度感应保护功能。另外在潮湿环境下作画应选择有滤水装置的气泵。对气泵的工作气压需求与喷笔的口径有关，建筑喷绘中一般需要气泵在连续开机的情况下能提供0.4到0.5兆帕的恒定气压才能基本满足各种口径的喷笔需求。

4.8.2.2 喷笔

(*b*) 喷笔

喷笔是通过气源将颜料伴随高压气体喷出并雾化的精密仪器（图4-8-2，*b*）。喷笔绘画从细线到大面积色彩都能从容应对。但是喷笔十分耗材，对于大面积的喷绘来说，笔的寿命比较短，如果使用的是丙烯颜料，会在极短的时间内干燥结成防水膜，导致喷笔口堵塞。如果使用天那水（香蕉水）清洗喷笔，容易使喷笔内部的橡胶密封圈老化，因此最好使用专用的喷笔清洗液。喷笔常用的口径分别为：0.2mm、0.3mm、0.5mm以及可调式等几种。0.2mm口径的喷笔适合局部的喷绘，0.3mm口径的喷笔最为常用，0.5mm口径的喷笔适合比较大面积的打底以及色彩过渡。可调式可以调整喷笔口径，以适应多种需求。除了喷笔外还有喷枪，俗称喷花枪，喷枪有1mm到3mm的口径，常用来喷大面积的底色。

4.8.2.3 颜料

(*c*) 水彩颜料

图4-8-2 喷笔画工具

由于喷笔画几乎没有笔触，色彩是最直观地反映在画面上的元素，所以颜料的选择尤为重要。理论上，只要是经过稀释剂调和后颗粒细腻的颜料，都可以作为喷笔画用的颜料。例如水彩颜料（图4-8-2，*c*）、中国画颜料、丙烯颜料、油漆、彩色墨水、墨汁等，都是喷笔绘画中常用的颜料，应当根据所需的效果选择颜料。水彩颜料的特点是颗粒细，附着力强，比较透明，但覆盖力弱，最好是和覆盖力较强的水粉色套用效果更佳。丙烯画颜料也是使用广泛的颜料之一，因为它同时具有了几种颜料的优点。首先它可用水稀释，有利于清洗，而颜料在喷出后几分钟即可干燥，有利于缩短作画周期。另外丙烯颜料可以使用各种调和液，调和液的种类有增加颜色饱和度的、缓干的、快干的、珠光的、亚光的、亮光的，借助这些调和液可以做出其他颜料无法达到的效果。当丙烯颜料干燥后会形成防水膜，使画作不易氧化或开裂，更利于长时间保存。需要注意的是喷笔用的丙烯颜料应使用适量的水调和，水分过多则覆盖力不强，饱和度不高，水分太少则颗粒感明显，并且容易堵塞喷笔，掌握好水分是使用丙烯颜料进行喷笔画创作的关键。

4.8.2.4 画布

水彩水粉喷绘可以使用较厚的纸张作画，丙烯喷笔画最好选用尼龙画布或者较细的亚麻布制成的画框。

4.8.3 基本技法表现

喷笔画适合表现大面积色彩的均匀变化，例如曲面、球体的明暗过渡；光滑的地面及其倒影；玻璃、金属、皮革的质感以及光斑和光柱效果等。

喷笔画常用的方法有两种，一种是全程使用喷绘，要求喷绘者胆大心细，对工具和技法掌握较为熟练；另外一种是先喷出大概的底图再手绘修改，或者先手绘出底图再喷绘修整，这种方式容易操作，柔和的喷绘结合手绘的笔触也更有艺术感。

喷笔画中需要绘制不同的材质或者特殊的效果，因此需要灵活地采用各种方法。比如云、雾等，可以将棉花撕成各种形状作为模板，棉花纤维薄透，外轮廓变化丰富，使其作为遮挡，喷出的效果惟妙惟肖。又如表现室内的刻花玻璃隔墙时，对于难以表现的装饰纹样，可使用分层遮挡的喷绘技法来准确表达所需的效果（图4-8-3）。

图4-8-3 喷笔画技法图例

4.8.4 方法与步骤

4.8.4.1 拷贝

先用较薄的纸张打好线稿，然后按照设定的位置将其放在喷绘使用的画纸上，用笔将图形拷贝到喷画纸上，这个过程力道要适宜，避免在画纸上留下深痕以致喷绘时积水。

4.8.4.2 模板的制作与定位

使用模板可以使喷笔画的形体更加清晰准确，是喷笔画创作中的重要技法，但不宜过多地使用模板，否则会使画面失去灵活性。模板的材料通常选用有一定厚度的透明塑料纸，这种塑料纸平整且防水，不会因为颜料中的水分而褶皱收缩。制作前先估算模板的面积，裁剪出稍大的塑料纸盖在起好稿的画布上，接着用油性笔在塑料纸上透写底稿并沿轮廓进行切割。如果模板较多，最好进行逐 编号。

固定模板也较为重要，为了避免模板位移使喷绘产生误差，尽量不要用手按住模板。可以使用磁铁，分别放置于塑料纸和画布背面，即可固定住模板，还可重复使用。

4.8.4.3 喷绘

模板固定后便可进行喷绘。喷绘的运笔有两种方式：当喷笔与画布垂直时，可以喷出较为清晰、肯定的轮廓；当喷笔与画布形成较小的角度时，喷笔的气流会将模板的边缘稍微吹起，从而随气流扫入一些颜色，使所喷对象的轮廓略呈柔化效果。两种方式各有特色，应根据画面的需要进行选择。

喷绘的基本顺序可以概括为先浅后深、先大后小。即先将描绘对象主要部分统一喷上光源色，形成大效果。再以物体的色调为准，喷绘中间色，并用浅颜色加强受光面，用深色加强暗面，使画面形成鲜明的明暗对比，加强立体感。最后使用各种绘画技法，如用橡皮擦、水洗、笔描、刀刮等造型手法，配合喷绘笔触，从整体到局部，反复绘制、喷涂以增加画面层次，注意调整暗部的色彩关系，协调好描绘对象局部与整体的内在联系。

在绘制的过程中应尽量使画面色彩单纯，在统一中找变化，应强调主体内容的明暗对比，减弱周围配景的对比。另外，物体转折处的高光和灯光处理要放在最后阶段进行。

严格地遵守喷笔画的制作程序，是喷绘艺术创作得以顺利进行的基本要求。

4.8.5 作品欣赏

图4-8-4 迪吧效果图 佚名

这幅用喷绘技法绘制的室内设计表现图，采用深色的主色调并辅以淡淡的暖色灯光效果来渲染气氛。作者用喷绘手法对背景色做了大面积的渐变，顶棚灯光如星空般的表现方法，增加了空间的浪漫氛围。

图4-8-5 华丽大酒店 李燕云

图4-8-6 外宾接待厅设计方案 佚名

图4-8-7 大厦鸟瞰图　佚名

4.8.6 课后习题

以自己熟悉的建筑为主体，进行喷绘画表现技法写生练习。

要求：

自选画幅大小；

充分表现喷笔的特点。

4.9 计算机辅助设计表现技法

4.9.1 概述

4.9.1.1 历史起源

计算机辅助设计表现是一种直观的可视化技术。可视化技术在当今建筑领域的设计表现中十分常用，手绘草图、实体模型等都属于其范畴。利用这些手法来表现概念、想法或设计，可以使我们获得对未建成场景的直观视觉感受，这是可视化技术的作用之一。大多数设计师都是利用可视化技术研究空间以不断完善其设计作品。传统的可视化手段有很多局限性，一些偶然的、感性的因素会导致无法真实地表现场景。计算机可视化技术为设计界带来了革命性的转变，利用计算机可以制作出如照片般真实的渲染效果，也可以制作建筑动画等表现三维空间效果，实现多方位、多角度的方案比较。利用计算机可视化技术，设计师可以更理性地表现自己的设计意图，掌握这项技术是现代设计师的必修功课之一。

20世纪末期，随着计算机技术的普及和相应设计软件的开发与推广，使用计算机绘制建筑画逐渐代替了徒手建筑画。特别是近年来，计算机辅助设计表现技法经过多方面的实践和考验后趋向成熟。

自从20世纪90年代，3ds Max的前身3DS与PHOTOSHOP的前身PHOTOSTYLER出现后，建筑电脑效果图表现进入了全面发展的时代。在此期间，大量的电脑效果图表现软件相继出现，例如：SKETCH UP、AUTOCAD、LIGHTSCAPE、MAYA、RHINO、VRAY、PHOTOSHOP等。多种软件之间的配合使用使电脑效果图的风格日益丰富，出现了许多极富艺术处理效果的表现形式（图4-9-1），并随着电脑效果图表现手法日趋成熟，慢慢进入了由多种当代电子技术支撑的“后电脑时代”。

图4-9-1 鸟瞰夜景效果图 设计制图 黄洋安

4.9.1.2 特点

计算机辅助设计表现追求的是写实的效果，客观反映建筑实体的造型、色彩、质感、比例和光影等方面。使用计算机辅助设计表现可以更直接、更准确、更有效率地完成效果图制作，它可以将设计方案用较科学、理性、直观的方法表现出来。与徒手表现方法相比，计算机辅助设计表现技法具有更理性、更真实、更客观的优势。

4.9.2 常用软件

4.9.2.1 二维图形软件

目前国内最为常用的二维制图软件为AUTOCAD，AUTOCAD在做建筑效果图时主要用来精确绘制建筑的平面图、立面图（图4-9-2）、剖面图以及节点大样的施工图等。设计师一般使用CAD将建筑的平面图、立面图、剖面图等画好，然后交给建筑效果图表现公司制作效果图。效果图制作人员拿到CAD图纸时首先对其进行分析整理，然后将CAD图纸导入建模软件中进行建模工作。

4.9.2.2 模型建造软件

（1）SKETCH UP：又名“草图大师”，是一款用于创建、展示、共享三维模型的软件。SKETCH UP的建模原理不同于3DMAX，它是平面建模，通过一个简单而且详尽的线条和文本系统，指导设计者完成相关的建模操作。可以使设计人员更方便地以三维方式思考和沟通，是一个直接面向设计方案创作过程的设计工具。其创作

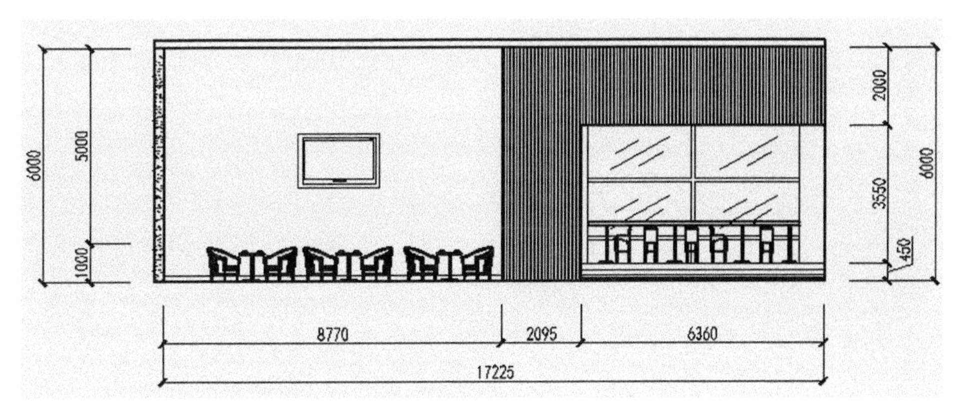

图4-9-2 室内设计立面图（CAD） 设计制图 廖佳

图4-9-3 员工会所设计（SKETCH UP）
设计制图 马珂

图4-9-4 文化中心效果图（3DMAX）
设计制图 黄洋安

过程不仅可以充分地表达设计师的设计思想，而且可以满足与客户实时交流的需要。设计师可以通过在电脑上操作此软件使得设计思路直观地表现出来（图4-9-3）。SKETCH UP是一款优秀的三维建筑方案创作软件，适用于设计师推敲方案。

（2）3DMAX：全称为3D STUDIO MAX，是一款基于PC系统的三维动画制作软件，集造型、渲染和制作动画三个功能于一身。此款软件在建筑领域的应用主要有制作建筑动画和建筑效果图两方面。绘制建筑效果图是3DMAX系列产品最早的应用领域之一，之前的版本由于技术不完善，制作完成后需要用位图处理软件加以处理，现在的3DMAX直接输出的效果就可以达到应用水平（图4-9-4）。

（3）RHINO、MAYA等：这些软件往往更擅长于表达曲面或者相对较复杂的形体。随着软件的开发，一种新的设计手法——参数化设计以建模软件辅助插件的形式被建筑师所采用，如RHINO的插件GRASSHOPPER、SKETCH UP的插件CRICKET等，这种程序化的建模方式可以更加方便地对体形复杂的建筑方案进行推敲和修改。

4.9.2.3 场景渲染软件

目前常用的场景渲染软件有VRAY、KEYSHOT、巴西渲染器等。VRAY是目前最受业界青睐的一款渲染软件，其功能强大。它的渲染模式属于交互式渲染，因此它的操作依赖于其他三维建模软件来实现。VRAY最大的技术特点就是其优秀的全局照明（Global Illumination）功能，利用该功能可以在效果图中得到逼真且柔和的阴影及光的漫反射效果。

此外，KEYSHOT、巴西渲染器等其他渲染软件也常被用于进行建筑的场景渲染。

图4-9-5 文化中心效果图（PS后期处理） 设计制图 文琼湘

4.9.2.4 图像处理软件

国内一般使用ADOBE PHOTOSHOP来处理图像，ADOBE PHOTOSHOP简称“PS”，主要用来处理由像素构成的数字图像，拥有众多的编修与绘图工具，可任意进行图片编辑工作。从功能上看，该软件可以分为图像编辑、图像合成、校色调色及特效制作等部分。PHOTOSHOP在建筑效果图制作中主要用于后期处理，使效果图更加完整、自然地展现出来（图4-9-5）。

4.9.3 基本技法表现

计算机辅助设计表现通常情况下是由设计师根据各自需求操控多个软件配合完成，所以并没有固定的基本技法表现。每一张表现图的优劣直接取决于设计师的艺术修养与软件的操控能力。当然，众多软件的材质表达均有一个共同点，即位图的运用。位图图像，亦称为点阵图像或绘制图像，是由称作像素的单个点组成的。图4-9-6是一些位图的展示。

运用位图，结合灯光、材质参数的调整，便可以生成比较真实的材质与形体图形。下面是一些材质与形体表达的实例（图4-9-7）：

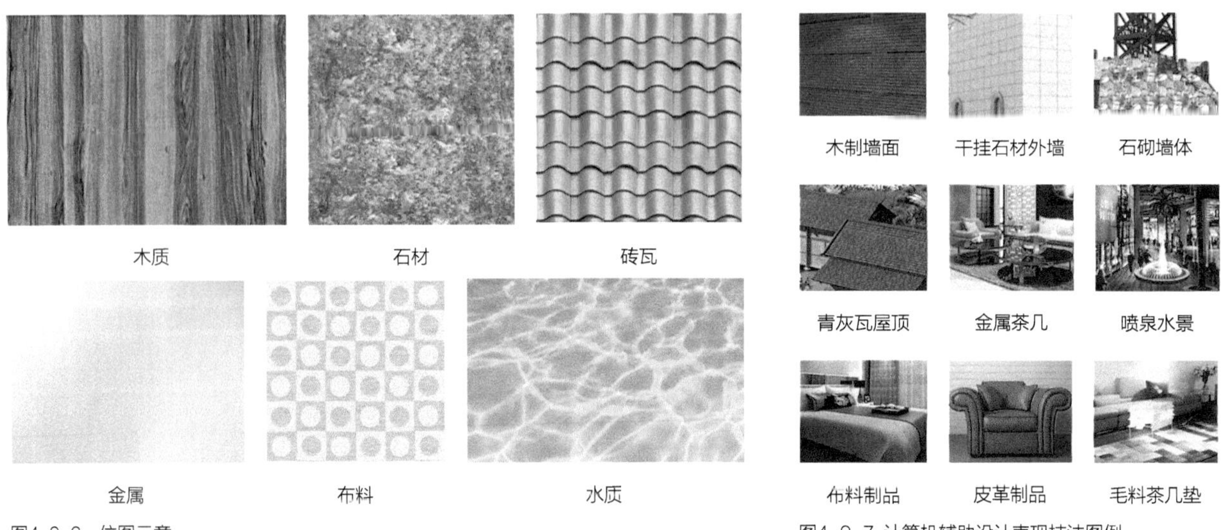

木质 石材 砖瓦

金属 布料 水质

图4-9-6 位图示意

木制墙面 干挂石材外墙 石砌墙体

青灰瓦屋顶 金属茶几 喷泉水景

布料制品 皮革制品 毛料茶几垫

图4-9-7 计算机辅助设计表现技法图例

4.9.4 方法与步骤

建筑效果图的制作不同于其他种类的效果图制作，其大概的步骤如下（以3DMAX、VRAY、PS制作为例）：

步骤一：三维建模。用模型建造软件（3DMAX、RHINO等）将建筑的主体和房间内的家具等建立出来，亦可做一些细化的处理。

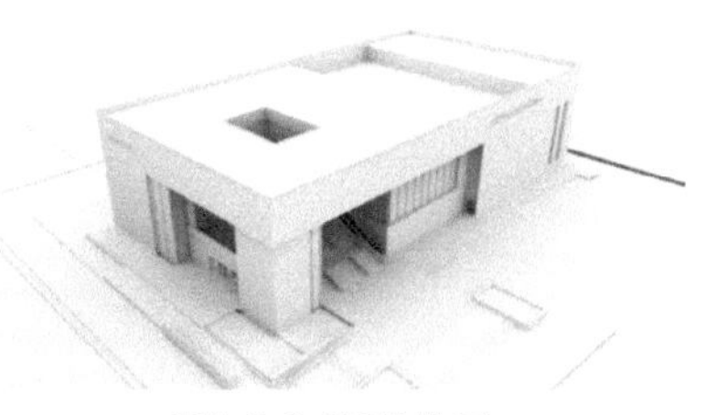

图4-9-8 模型制作图

步骤二：渲染输出。设置摄像机角度，利用专业的场景渲染软件（VARY、KEYSHOT）进行材质和灯光的设定、渲染直至输出；通常在进行大图渲染输出的同时，也会运用3DMAX里面特制的脚本输出一张渲染通道图，方便下一步的后期处理。

图4-9-9 渲染输出图

步骤三：后期处理。对渲染的结果做进一步的加工，利用图像处理软件（PHOTOSHOP）在场景中加入天空、树木、车、人等配景，并进行整体气氛的调整，如调整色彩、比例等（图4-9-10）。

图4-9-10 安化大剧院效果图 设计 文琼湘 制图 黄洋安

4.9.5 作品欣赏

图4-9-11 梅山文化园接待楼效果图 设计制图 赵雅婷

图4-9-12 梅山文化园茶艺园鸟瞰图 设计制图 黄雪竹

图4-9-13　长沙火车南站VIP休息室效果图　设计制图 廖佳

图4-9-14 安化一中图书馆大厅效果图　设计制图 刘慧

图4-9-15 莲竹园商住楼效果图 制图 王明武 罗金阁 设计 罗金阁

4.9.6 课后习题

1. 熟悉以上各个软件的常规用法，并进行一些简单模型与效果图的制作。

2. 选择一所你最喜欢的建筑，用计算机辅助设计表现出来（软件自选）。

第5章　建筑画与建筑设计

5.1　建筑草图与建筑设计

建筑设计是一个主体思维及其表达的过程。建筑师在推敲设计时脑海里会产生多种建筑意象，这些建筑意象的分析过程始终伴随着建筑师对笔下草图的审定与鉴赏，改进与超越。建筑师的这种“加减乘除”赋予了草图无限的生命力，也正是建筑师这种“手的痕迹”使得草图呈现出独特的魅力。

5.1.1 建筑草图的内在品格与作用

5.1.1.1 建筑草图的内在品格

在建筑设计过程中，建筑师的头脑中常常快速闪现一些创作灵感，为了将这种偶然闪现的模糊印象及时具象化，将稍纵即逝的思想火花凝固于纸笔中，建筑草图自然担任起记录和翻译这种感知和意向的任务。相对于建筑作品，建筑草图是一种“潜在建筑”，因为在整个创作过程中，建筑师每涂抹一笔都有众多的设计可能性，无论建筑草图最终是否能成为真实建筑，它都可以独立存在，都有着潜在的美学价值。

（1）原创性：建筑师在设计初期，通过草图记录与分析基地，勾画即时感受与联想；在设计深化阶段，通过草图推敲总体布局、空间形态、功能流线、造型细部。这种特有的心境与特有的时空，使建筑草图成为独一无二的存在。其次，建筑设计不可能一人独立完成，它需要团队的合作，而建筑草图完全由建筑师亲手创作，是建筑师灵感的直接表露，建筑草图才是真正独一无二的“创作史料”（图5-1）。

图5-1 悉尼歌剧院　约翰·伍重

（2）艺术性：建筑师的草图一般是为了瞬间的感觉和想法不被遗忘而做出的物质化的“翻译”。为了留住这些转瞬即逝的感觉，需要“振笔直遂”、寥寥几笔、一气呵成。这造就了手绘草图自然天成的气质以及悠然自得的气度，使其富有很强的艺术魅力（图5-2）。

图5-2 毕尔巴鄂古根海姆博物馆 弗兰克·盖里

（3）模糊性：建筑草图是建筑师模糊而不明确的创作意图。为了表达这些意图，建筑师会绘制出许多不同形态的草稿，这些草稿是建筑从最初构思到最后结果之间的过渡，具有很强的渗透性与模糊性。此外，建筑创作所涉及的因素极其错综复杂，草图的模糊性还体现在对复杂信息的概括和提炼上。建筑师在绘制草图时，通常会重点考虑比较重要的因素，对次要的因素则采取模糊处理的方式，从而更加清晰地表达出方案的本质（图5-3）。

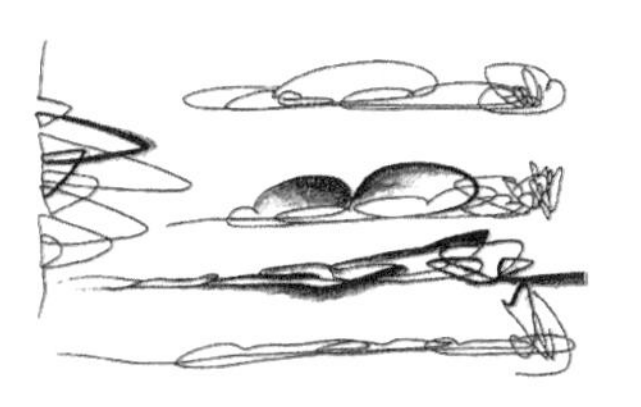

图5-3 伊斯兰教艺术博物馆 扎哈·哈迪德

5.1.1.2 建筑草图的作用

建筑草图是还未建成的建筑，它是建筑师与自我以及他人交流的一种方式。从设计的初级阶段（踏勘基地、分析环境、收集资料等）开始，形式各异的设计草图便随之出现。成千上万的草图是建筑师不断捕捉创作灵感的有效工具。而在设计的深化阶段（整体规划、空间布局、功能流线、造型及细部的推敲等），建筑师依然持续不断地勾画大量的草图，推动设计的最终完成。在这一历程中，建筑师将自己的设计构想变成更细致的草图，对其不断推敲与分析并从图中得到新的启示，这种“思维的轨迹”和“手的痕迹”不但赋予草图以生命力而且对建筑创作的重要性更显而易见。概括地说，建筑草图对建筑设计的作用具体表现在以下几点：

（1）记录与分析

建筑草图是设计师用来捕捉设计灵感的工具。建筑师最初的设计意向是模糊的，仅有一些偶发的灵感以及对设计条件的分析过程。建筑师可以通过草图使信息价值最大化，并更好地为设计服务。建筑师还会通过大量的草图将设计信息进行整合，并在分析与推敲的过程中不断协调设计元素以方便取舍（图5-4）。

图5-4 销售部草图 马晓晨

（2）表达与交流

建筑草图是建筑师设计思想的载体，建筑师可以利用草图向别人传达自己的视觉感受和设计意图，达成信息沟通。最终建成的

图5-5 别墅草图 刘慧

建筑作品是多个部门与专业之间不断沟通与协作的结果。在建筑创作中，建筑师必须不断与设计其他部门还有业主进行交流协调，在这种交流中，草图是最为方便、快捷的交流媒介（图5-5）。

5.1.2 建筑草图的创作要点

建筑师创造的作品最终应是一个实物，不管有多少理念和思想，最后必须要在建筑实体中体现出来，所以建筑师必须学会将设计理念转化为形式，这一转化的过程就需要草图。建筑草图赋予设计理念以形象，虽然它不可能彻底地展现出建筑设计的每个细节，但是可以隐约显现建筑设计的轨迹。因此建筑草图是建筑设计师进行建筑创作的实时性记录资料，建筑创作的主要过程以及制约创作的各种因素都会在建筑草图的演变过程中显现出来。

5.1.2.1 捕捉灵感与创作主题

当建筑师拿到设计任务书，通过现场踏勘及与甲方交流获得大量设计信息。建筑师在对诸多信息进行加工时，常常会利用建筑图示语言来表达场地的属性。同时，在分析基地与建筑功能时，建筑师也会利用几个大小不等的方块或圆形把迅速闪现的灵感记录下来，并在反复比较和不断探索中绘制出理想的方案。无论这些草图是雏形还是“废品”，都确确实实伴随着建筑师丰富的想象与浓烈的情感，它们赋予了建筑触动人心的精神感染力（图5-6）。

图5-6 世博中国馆 何镜堂

5.1.2.2 锤炼语言与推敲细节

建筑设计是一个逐渐成熟和完善的过程。在设计深化阶段，建筑师需要对前期形成的设计成果进行深入分析，包括建筑空间环境与人的行为模式、场地与建筑的关系、建筑设计的合理性、设计语言的提炼与修正以及设计细节的反复讨论与剖析。这时的草图表现已不仅仅用于记录和分析，而且是将杂乱的组合变成明确整体，将无章的场地整合成有序场所的有效方法。

5.1.2.3 开掘空间与构建形制

建筑设计的本质是一种造型活动，它以空间与形式作为造型的媒介。建筑师在获得了平面、结构、环境形式的合适雏形之后，接下来就是探索如何对建筑立面造型、建筑内外部空间以及建筑视觉形象等进行处理。在这个阶段，建筑师会根据个人的情感与个性等因素使用不同的表现手法和工具让其更富有艺术感染力（图5-7）。

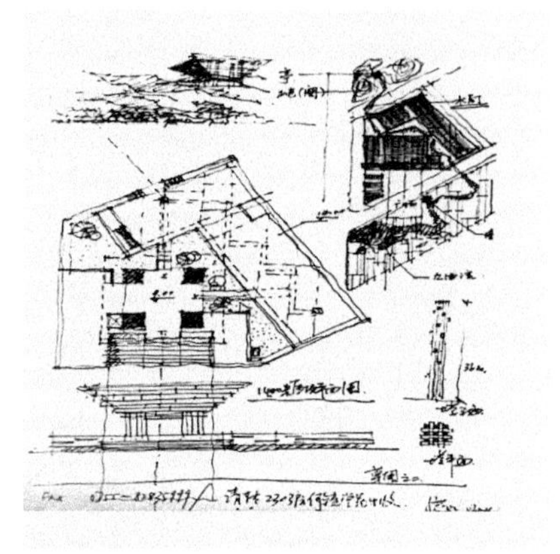

图5-7 世博中国馆　何镜堂

总之，建筑草图是建筑师推敲与记录设计不同阶段内容的载体，也是建筑创作中最富有灵性的表达方式。随着时代的发展，计算机技术为建筑草图的发展注入了新的活力，但无论采用什么样的形式，建筑草图始终是建筑设计中独一无二的史料，是建筑设计的“万象之根”，具有独特的审美价值。

5.2 建筑画与建筑空间

无论古中国还是古欧洲，绘画一开始都是以平面的形式出现。在透视发明以前，各种类型的绘画都没有进深感，部分作品甚至有透视错误。透视效果的首创是意大利的画家、建筑师乔托·迪·邦多纳（Giotto di Bondone，约1267年~1337年1月8日），他将宗教人物画中的肌理与阴影详细地表现出来，并将过去平面的背景改为具有透视效果的背景（图5-8）。从此，绘画从平面表达进化成了空间表达。建筑画方面，中世纪前的欧洲与古中国一样没有系统的建筑设计图纸。欧洲最早的建筑画是一些建筑工匠们游历时的笔记。中国最早可考的建筑图像是春秋战国时期生活器具上画像的背景，到汉代许多画像砖、墓葬明器、石阙上也出现了各种建筑的简易形象（图5-9）。这些建筑画虽然都还很不成熟，甚至有些透视错误，但却是人类探索平面与空间关系的第一步。当人们第一次用建筑画这种平面图形来表达空间关系的时候，建筑画就成为平面与空间之间过渡的载体，人们开始通过平面来描述、组合、修

图5-8 圣弗兰西斯的传说：普通人的效忠仪式　乔托　　图5-9 四川出土汉代画像砖

图5-10 路边小店 黄雪竹

饰空间，又通过空间来完善、整合平面。因此建筑画其实就是平面、空间两者关系的物化表现，画好建筑画就意味着对平面与空间关系有了深刻的认识与理解。

5.2.1 建筑画描述建筑空间

建筑画，无论是用于记录实际存在的建筑还是用于表现设计师建筑设计作品的效果，都有一个共同的特征：描述空间，即运用多种平面绘图手法表现空间在某视点的感知效果。如用集中的线条虚拟空间进深（图5-10），用不同的色调、明度等表达距离远近等，通过这些绘图技法可以充分表现空间的变化层次和体量关系。准确地在纸面上勾勒出建筑的空间关系需要建筑师熟练地掌握建筑画的技法，精确地表达建筑的空间意境更需要建筑师具有深厚的艺术设计修养。总之，建筑画不但是建筑师们进行建筑设计的思考过程和效果展示，更加是建筑空间在平面上的艺术表现。

5.2.1.1 点、线、面、体的综合运用

建筑画是由点、线、面、体等元素组成，每一种元素的组合方式不同，所产生的空间效果也不同。例如，点的大小和疏密变化可以产生凹凸不平的空间感；线的粗细、浓淡变化可以营造空间的远近效果；平面围合成安定简洁的空间而曲面形成柔和动感的空间；规则的几何体块厚重稳定而植物配景等自然形体又舒展轻盈（图5-11）。

着手创作一幅建筑画，应先明确画面强调的是什么。如果强调建筑的某一立面，面的描绘就应是绘制的重点；如果强调建筑的边线组合，线条就应该是画面的主要角色（图5-12、图5-13）。当然，这种强调并不应孤立的存在，而应该与其他元素相互结合。将各种绘图元素灵活处理、合理取舍才能绘制出一幅优秀的建筑画。同时点、线、面、体各自的色彩也能为建筑空间带来更丰富的内容和语汇。

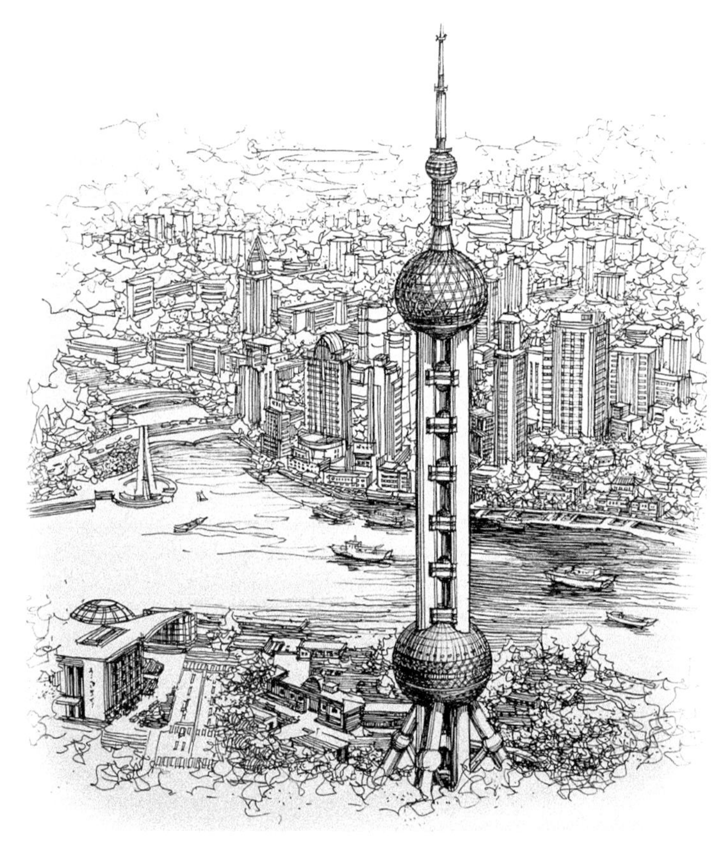

图5-11 东方明珠电视塔 张雯

图5-12 银川会展中心 严瑾

图5-13 街道小景 周全

5.2.1.2 构成手法的选择

建筑画并不是单纯复制空间的原始状态，而是对空间进行艺术处理，突显其美的部分，强调空间形式美的同时也彰显空间的艺术魅力，从这个角度来说，建筑画必然追求形式美。建筑画艺术处理的方法多种多样，目前最普遍的是构成手法的选择和运用。

（1）主次分明：建筑画写生的对象往往包括很多破坏美感的空间形体或环境因素，所以应该适当地取舍，弱化不协调因素，强调主要的趣味中心。区分主次的方法有很多，比如用稀疏浅淡的线条围绕厚重密集的建筑体，自然地将建筑的主要性强调出来。当然，也可以反过来用密集的线条衬托大块的留白区域（图5-14），或用冷色形体强调暖色形体等都是区分建筑画主从的主要手段。

（2）对称均衡：有一些建筑空间的功能决定了它应具有庄严肃穆的气质，比如传统的宫殿、庙宇这类建筑为突显其建筑本质一般都会采用对称的空间形式，在进行建筑画创作时，就应找到表现这种气质的主要形式，并加以表现和深化。同时，画幅重心离画面越近越安定，再通过调整点、线、面、体等元素的尺度和比例，就可以完整地描绘出此类对称空间的体量和气质。

（3）对比强烈：要使建筑画具有生命力，必须使画面有所变化，线条深浅对比、光影明暗交错、位置高低错落、空间虚实相间都是使画面产生变化的主要手法，有了这些变化，画面才会独特而有张力。但是值得注意的是，不顾整体协调的过分对比也会对画面产生破坏作用，扰乱画面建筑的重点，因此在采用对比的手法时一定要掌握好度，让作品既有变化又和谐统一（图5-15）。

图5-14 书院博物馆　柳静

图5-15 小客栈　郭昕明

（4）比例适宜：一切造型艺术，都存在着比例关系是否和谐的问题，和谐的比例才具有视觉上的美感。古欧洲的建筑师们认为“黄金比”是最美的，也有人认为正圆、正三角、正方形等几何图形的比例是最美的。这些说法都因其时代而有一定的局限性。事实上比例和尺度的选择在于建筑空间、环境、功能等方面的需求，如剧场的尺度应高大、卧室的尺度应亲切。建筑画表现也是一样的道理，重要的部分适度扩大比例，次要的部分应相对缩小，从而创造出比例协调、形态优美的作品。

图5-16 城市 周娇

5.2.2 理解建筑空间以完善建筑画

建筑画是用平面的形式描述建筑空间，但是反过来，充分理解建筑空间以后对提高建筑表现画的水平也具有极强的推动作用。建筑师在创作建筑画之初应该对所要描述的建筑空间有所思考。如果是写生的作品，则需要分析对象建筑空间的特征、体量、尺度、质感、气质、所处的环境和背景等一系列因素，然后再选择视角、幅面并对细节进行取舍等。如果是建筑设计的效果表现就需要先分析已有的平、立、剖面围合而成的建筑空间，并更深入地了解建筑空间的设计意图、文化内涵，再选择适合的绘图方式、材料、风格等（图5-16）。

总之，深刻地理解建筑空间以后再着手绘制建筑画才能使画面更加统一协调，作品更具有理性深度，作者也不会沦为只懂得复制建筑形体的画匠，而是能准确诠释建筑空间意境的设计师，这也是成为一名优秀的建筑师所必备的艺术素养之一。

5.3 建筑画与建筑性格

建筑画的形式风格应与建筑的性格特质相统一。建筑画通过选择不同风格画种、构图方案、色彩表现、笔法运用以及对画面元素进行取舍分布等方法呈现出不同建筑的精神特质。

不同的建筑有不同的精神文化与环境氛围，亲切或雄伟、优雅或壮丽、轻灵或沉重、宁静或动荡、精致或粗犷，必要的时候甚至表现神秘、不安或者恐怖，以达到渲染某种思想倾向的效果（图5-17）。

物质建筑与精神建筑的概念：本书按建筑的使用功能将其分为物质建筑与精神建筑两类。有些建筑的物质性功能比较突出，呈现明显的物质性格；有些建筑的精神性功能比较突出，呈现明显的精神性格。

物质建筑强调建筑的实用性。实用是此类建筑的基本特质，其建筑美学建立在实用功能之上。古罗马时代建筑师维特鲁威就提出适用、坚固、美观三个原则，而且还强调了经济的重要性，这些意见在今天仍然具有指导意义，当代绝大部分建筑的设计仍以适用即实际功能作为基础。此类建筑的功能主要面向人类的物质需求，这里称其为物质建筑。

精神建筑突出建筑的精神内涵与感染力，此类建筑应表现特定的精神内涵。如人民英雄纪念碑，设计成“超人的尺度”，营造出雄伟、庄严的感觉，以歌颂烈士的伟大；哥特式教堂，在顶端设置许多尖塔，表现出虔诚的向往和与上天接近的意向，并且采用十字形平面来象征基督教精神，处处都以宗教为主题。此类建筑的功能主要面向人类的精神需求，我们称其为精神建筑。

图5-17 某大厦建筑表现图　史蒂文·帕克

5.3.1 建筑画表现建筑的物质性格

建筑画要表现建筑的物质性格，不仅应具备绘画中的形式、色彩美，而且应该有严谨的科学性和逻辑性，并能较为真实地再现其所处的空间环境，在强调主观意识的同时，更应注重客观实际，建筑画的直观表现可使人们得到建筑具体的、直观的印象。

建筑画的比例尺度应与原设计基本一致，再通过不同透视角度的选取、体量关系的处理、材料质感的表达、色彩的选择与搭配、环境氛围的营造、配景形象的处理、画面空间关系的表达等，来表现建筑的美。

建筑画甚至可以表现一个从外到内的空间序列。例如怀勒（Charles de Wailly，1730～1798）画的巴黎歌剧院剖面图（图5-18）。他和皮瑞（Joseph Peyre，1730～1785）一起设计了巴黎歌剧院。在庄严的建筑外表内，拥有绚丽辉煌的室内空间，这一空间淋漓尽致地体现在怀勒所画的剖面图中，它不仅表现了建筑结构和室内装饰，而且还描绘出在观众厅、舞台和街道上的人物形象。整幅建筑画强调的都是歌剧院在实际功能上的优越性，用精确的几何构图和空间关系描绘出其适用、坚固等典型的物质性格。

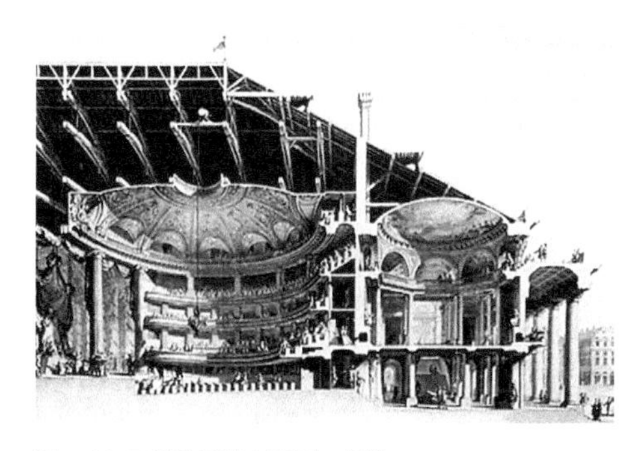

图5-18 巴黎歌剧院剖面图　怀勒

5.3.2 建筑画表现建筑的精神性格

为满足人类精神需求而建的建筑不但强调动人的艺术外形，更通过其外形产生一种环境氛围，向周围发散出强大的信息，使大众受到感染。它甚至被称为一种“强迫性”的艺术，因为其强大的气场与体量往往给受众带来压迫性的精神冲击。比如置身在布达拉宫广场，矗立于巨大无比的建筑之前，宫殿衬托出作为个体凡人的渺小，仰望突出在蓝天白云背景下的金顶金幢，耳边传来低沉而宏大的诵经喇嘛声，即使不信仰宗教也一定会被那种无法摆脱的浓烈宗教气氛所感染。因此创作以精神建筑为主题的建筑画时，重点应该是建筑的气氛和气势，建筑气氛和气势反映了建筑的功能与性格。同时，此类建筑画可以适当夸张建筑原有的尺度、体量等物质特征，主要强调建筑本身的精神主题。如图5-19中，建筑画的透视相对一般的效果图更夸张，从而让教堂产生高耸入云的动势；视点选择在一个离建筑体极近的位置，营造出神殿雄壮的气势，更反衬得人类渺小；采用大面积深色线、面细致入微地刻画建筑，描述出宗教类精神建筑本质中就具备的神秘、虚无气质。

值得注意的是一般作画时着意于主体建筑的精心刻画，而容易以轻描淡写的程式化方式来表达环境，以致千画一面，缺乏个性与特色。因此，在创作时应事先认真构思，协调建筑物与空间环境的相互结合，而且色调的选择和配景的安排，也应与建筑主体一样体现相应的画面气氛。

建筑画以建筑为主题，而建筑因其功能不同而具备不同的性格。在进行建筑画创作时，要根据建筑本身的特质选择适当地表现方式，在强调建筑空间优美灵动的同时也要强调建筑自身性格的独特魅力。

图5-19 教堂 廖佳

5.4 建筑画与设计修养

建筑设计既是一门技术科学，又是一门艺术。奈尔维说：“只有对复杂的建筑问题持肤浅的观点，才会把这个整体划分为互相分离的技术和艺术两方面。”作为一名建筑师，不但要有丰富的技术知识作为支撑，更需要深厚的艺术修养以指导设计。设计修养是建筑师创作的源泉和基础，“建筑师的人格决定了建筑品格”，只有人格高尚、知识渊博的建筑师才能创作出真正具有社会价值的建筑作品。同样，建筑师具有了深厚的艺术和设计修养才会创作出优秀的建筑画。反之，建筑画作为建筑师设计修养的重要外在体现之一，不但是建筑师设计态度和理念的载体，也是建筑师自身个性的表达。不断提高建筑画的水平也是提高设计修养的一个重要手段。

5.4.1 设计态度的确立

建筑是人类将文明、力量、智慧集合于一体的产物。没有什么艺术形式能比建筑更宏大，梁思成说：“一座建筑一旦建造起来，他就要几十年几百年地站在那里，他不由分说地就形成了当地居民生活环境的一部分，强迫人们去使用他，看他；好看也得看，不好看也得看。”这句朴素的话充分说明了建筑师背负着极为重要的社会责任。

建筑师从事精神劳动，所以接纳新观念并具有独特的思维方式相当必要。建筑师既要有精湛的专业知识和高深的人文造诣，又能在思想、知识、情感、艺术等领域有深刻的思考和领悟。凡在建筑史上留名的艺术作品，无不具有独特的思想和艺术光辉，这种成功基于创作它们的建筑师有明确的设计态度。良好的态度和积极学习的决心可以提高建筑师的能力，倘若抛弃这种态度和建筑画的练习，一味追求潮流、跟风，那就意味着设计态度的不端正，它所产生的负面作用，可能会导致一系列的问题，如建筑和周围环境格格不入难以协调，长此以往只得修缮改造甚至拆除重建，从而加重社会各方面的压力并造成资源浪费。可见，建筑师的设计态度对建筑作品的影响极为重要。同理，在建筑画方面，只有严谨地表达从平面到空间的微妙变化，建筑师才会更加熟悉建筑的空间和尺度，从而创作出精确、美观具有艺术、技术双重价值的建筑画作品。

5.4.2 设计理念的形成

建筑师的设计理念是其修养的另一个重要体现。理念归根到底是一种头脑中系统的观念，人的观念受到学习、阅历、实践等多方面的影响，并在这种多重影响作用下逐步形成，是一种相对稳定的、复杂的意识形态。而观念反过来又会作用于人的行为，所以建筑师的设计理念会直接影响到他的设计水平以及其他各方面的创造能力，这其中自然就包括建筑画的创作。那么，怎样才能形成好的设计理念呢？首先，要有良好的道德修养和正确的价值观。由于建筑对人、社会、自然等各方面的广泛影响，要求建筑师同时也是道德家。其次，要有广博的知识面。这是由建筑艺术的特点决定的，也是自古以来建筑师的共识。再次，要有良好的艺术修养。这不仅指绘画技巧，还包括对艺术理论的研究以及对人类各种艺术门类的广泛了解。最后，要有丰富的生活体验。建筑师要善于发现生活中的美，善于从生活中得到设计启示，还要有意识地通过旅行等途径拓宽视野。有了好的设计理念作为指导，建筑师才能设计出好的建筑作品，才能画出好的建筑画。

当然，建筑画同时也是一名合格建筑师进行思考、设计必不可少的武器。徒手描绘是最直接有效的形象表达手法。当建筑师将头脑所思所想形象地表达在纸面上时，观念就影响了人的行动。反过来，人的行动又会影响观念。建筑师徒手描绘建筑画时，其观念也在发生着细微的变化，这些细微的变化累积下来就会对建筑师的设计理念产生影响。所以建筑师不断提高自身的建筑画水平也是不断提高自身设计修养的需要，对完善设计理念有着重要意义。

5.4.3 实践与理论相结合

理论基础与实践经验是建筑设计的灵与体，是对立统一的辩证关系。论语云：“学而不思则罔，思而不学则殆。”同理，在学习设计的过程中，我们一方面要运用平日所学的理论来指导具体的设计活动，另一方面要不断地总结每一次实践中的经验来改进与补充自己理论知识中的不足，绝不可相互剥离。建筑艺术与技术的双重属性决定了它要求建筑师应通晓各种学科和技艺。如果不顾理论知识，不建立一套成熟的标准或规律来判断建筑设计的优劣，而仅致力于技巧的熟稔，就会流于工匠之气，难以创新；而如果忽视生活中“行万里路”的社会实践，只研究理论知识，又难免犯下虚无“空想主义”的错误。因此早在公元前一世纪，维特鲁威在《建筑十书》中就说过“建筑师既要有天赋才能，还要有钻研学问的本领，没有学问的才能和没有才能的学问，都不可能造就完美的技术人员。”

纵观我国建筑史，从古代的能工巧匠到近现代如刘敦桢、梁思成等大师，从《营造法式》到《清式营造则例》、《中国建筑史》等著作，无一不是经历从实践到理论再到实践的螺旋上升式过程，作者们不但将各种建筑知识记录于书中，还通过大量的调查、走访、总结、提炼，将生动准确的图例描绘下来。这也说明无论古今中外，想要成为合格的建筑师，就必须注重全面发展，而建筑画的绘制能力作为串联思维与行动的环节，无疑是最需要重视的能力之一。

思考题

1. 建筑草图与建筑效果图的区别。
2. 思考教学楼建筑的性格，并试绘制符合其性格的建筑画。
3. 当代建筑师应具备哪些设计修养?

致 谢

本书从选题立项、资料收集、文字撰写到打印、校对、编排，都是作者们在繁忙的教学工作之余所做的努力。作为教材，它应该是一个系统的、科学的、准确的知识体系，正因为如此，每一位编委成员都以一种极其认真、严肃的学术态度从事编写工作。我们希望该书在设计类院校建筑画表现课程教学中发挥很好的作用。

在编辑过程中，我们参考了国内外大量文献资料，能够记下的资料来源均在本书末尾的参考文献中注明，已示对这些文献作者的真诚谢意。

为了寻找部分资料的版权所有者，我们想了很多办法，付出了很大的努力。但由于联系困难或工作疏忽而无意中被遗漏的有关人士甚至本书中已使用了其他范例，但至今无法找到联系方式与作者沟通，我们会继续千方百计地与他们取得联系，并在以后的版本中再次表达对他们的谢意。此外，还要感谢容许我们使用其作品的建筑设计师及画家们。

编者

参考文献 References

[1] 萧默. 建筑意. 中国电力出版社（第一版），2006.1.
[2] 侯继尧. 建筑画理论与技法. 中国建筑工业出版社（第一版），1994.6.
[3] 陈飞虎. 建筑色彩学. 中国建筑工业出版社（第一版），2007.1.
[4] 陈文庆. 建筑画临摹中的色彩分析. 华南热带农业大学学报，第10卷. 第4期. 2004.12.
[5] [美] R·麦加里 G·马德森著. 白晨曦译. 南舜熏校. 美国建筑画选——马克笔的魅力. 中国建筑工业出版社（第一版），1996.10.
[6] [美] 麦克尔·E. 柯南道尔著. 李峥宇，朱风莲译. 美国建筑师表现图绘制标准教程（原书第二版）. 机械工业出版社，2004.10.
[7] 康铭. 材料与技法丛书 环境艺术. 辽宁美术出版社（第一版），1998.1.
[8] 钟训正. 炭铅笔建筑画—钟训正旅美作品选. 东南大学出版社（第一版），1991.1.
[9] 齐康，姜桦. 建筑画境. 大连理工出版社（第一版），1989.1.
[10] 彭一刚. 创意与表现. 黑龙江科学技术出版社，2002.3.
[11] 全国建筑画选1987. 中国建筑工业出版社，1988.11.
[12] 中国建筑画选1991. 中国建筑工业出版社，1992.7.
[13] 重庆建筑大学建筑城规学院45周年院庆学术丛书 教师建筑画与美术作品集. 中国建筑工业出版社，1997.9.
[14] 江寿国. 手绘效果图表现技法详解. 中国电力出版社（第一版），2010.1.
[15] 马路. 环艺手绘表现图技法. 苏州大学出版社（第一版），2006.10.
[16] 宁邵强，谢杰，卫鹏. 建筑设计表现技法. 合肥工业大学出版社（第一版），2007.2.
[17] 大师系列丛书编辑部. 安藤忠雄的作品与思想. 中国电力出版社（第一版），2005.7.
[18] 著文/摄影 方海. 弗兰克·盖里 毕尔巴鄂古根海姆博物馆. 中国建筑工业出版社（第一版），2003.9.